한국교원대학교 융합교육연구소

저자 최경식

무료 수학·과학 소프트웨어

# 지오지브라와 함께하는
# 스마트 수학
## (기본편)

개정판

기하도형을 만드는 코딩수학
창의성과 수학적 상상력, 기하적 사고력의 향상

지오북스

**저자 최경식**

kyeong@geogebra.or.kr

- 서울대학교 수학교육과 졸업
- 지오지브라 사용자 인터페이스 및 공식문서 한글화
- 한국지오지브라연구소(연구소장)
- 한국수학교육학회(교사 연수 위원)
- 2013년 올해의 과학교사상 수상

**저서**

- 따라하며 배우는 지오지브라 1(수학교육연구소)
- 따라하며 배우는 지오지브라 2(수학교육연구소)
- 지오지브라 바이블 제2판(지오북스)
- 지오지브라 3D 바이블(지오아카데미)
- 지오지브라 코딩 바이블(지오아카데미)
- 지오지브라와 3차원 기하 제2판(지오북스)
- 지오지브라와 함께하는 스마트 수학 제2판(지오북스)
- 지오지브라 명령어 사전(지오북스)
- 지오지브라 앱북(지오아카데미)
- 지오지브라 고급예제 모델링 1(한국지오지브라연구소)
- 지오지브라 고급예제 모델링 2(한국지오지브라연구소)
- 한 눈에 보이는 피타고라스 정리(한국지오지브라연구소)
- 누구나 쉽게 따라 그리는 수학아트(지오아카데미)
- 누구나 쉽게 따라 그리는 수학아트 2(지오아카데미)
- 지오지브라를 활용한 모델 중심 학습(교우사)
- 지오지브라 수학을 말하다(지오북스)
- 지오지브라 중학교 통계(지오북스)
- 지오지브라와 함께하는 기초미적분학 제2판(지오북스)
- 스마트폰으로 수학을 즐겨봐(이모션미디어)
- 스마트폰으로 수학을 즐겨봐(교사용)(이모션미디어)
- 따라하며 배우는 알지오매스(지오북스)
- 따라하며 배우는 알지오매스 제2권(지오북스)
- 따라하며 배우는 알지오매스 제3권(지오북스)
- 엄마와 함께하는 지오지브라 수학: 각과 각도(지오북스)
- 지오지브라와 함께하는 기초미적분학 제2판(지오북스)
- 실버만 복소해석학(신한출판미디어)

## 지오지브라와 함께하는 스마트수학 (기본편) 개정판

**초판인쇄** 2019년 11월 30일
**초판발행** 2019년 11월 30일

**저 자** 최경식
**펴 낸 곳** 지오북스
**발 행 인** 신은정
**주 소** 서울 중구 퇴계로 213 일흥빌딩 408호
**등 록** 2016년 3월 7일 제395-2016-000014호
**전 화** 02)381-0706 | **팩스** 02)371-0706
**이 메 일** emotion-books@naver.com
**홈페이지** www.geobooks.co.kr

**ISBN** 979-11-87541-69-1
**값 15,000원**

이 도서의 국립중앙도서관 출판예정도서목록(CIP)은 서지정보유통지원시스템 홈페이지(http://seoji.nl.go.kr)와 국가자료공동목록시스템(http://www.nl.go.kr/kolisnet)에서 이용하실 수 있습니다. (CIP제어번호 : CIP2019043719)

이 책은 저작권법으로 보호받는 저작물입니다.
이 책의 내용을 전부 또는 일부를 무단으로 전재하거나 복제할 수 없습니다.
파본이나 잘못된 책은 바꿔드립니다.

# 머리말

2001년에 마르쿠스 호헨바터 교수[1]에 의해 지오지브라가 개발되고 유럽과 미국을 중심으로 지오지브라의 사용자가 늘어나게 되었으나 2008년까지 지오지브라는 우리말로 번역되지 않은 채 남아 있었다. 필자는 2008년 가을, 우연한 기회로 지오지브라를 알게 되었고 이 프로그램에 매력을 느껴 그때부터 지금까지 **지오지브라의 한글화**를 담당하고 있다. 지오지브라의 사용자 인터페이스와 공식 문서에 대한 한글화를 시작한 동기는 단순한 호기심 때문이었지만 지금은 당시와는 달리 약간의 책임감을 느끼고 있다. 이는 지오지브라가 우리나라의 많은 수학 교육자에게 관심을 받고 있기 때문이다.

지오지브라의 가장 큰 특징을 한 단어로 말하면 Free라고 할 수 있다. 영어로 Free는 자유로운이라는 뜻과 무료의라는 뜻을 갖고 있는데 이 단어의 뜻과 같이 지오지브라는 수학을 탐구하기 위해 누구나 자유롭게 사용할 수 있으며 이를 위해 무료로 제공된다. 그러한 의미에서 마르쿠스 호헨바터 교수는 지오지브라의 라이선스를 오픈소스 자유 소프트웨어로 하였다.[2]

지오지브라의 또 하나의 특징으로 Easy-to-use를 들 수 있다. 지오지브라는 인터페이스가 간결하고 수학에서의 수식을 그대로 입력할 수 있으며 모든 명령어가 우리말로 되어 있어[3] 지오지브라를 처음 접한 사용자라도 사용법을 쉽게 배울 수 있다. 또한 지오지브라에는 다양한 수학 영역[4]을 탐구할 수 있는 기능[5]이 내장되어 있어 이 소프트웨어를 익히면 다양한 수학 과제를 탐구할 수 있다.

이 책은 지오지브라와 함께하는 스마트 수학의 제2판이다. 지오지브라와 함께하는 스마트 수학은 지오지브라를 처음 접하는 사용자를 위해 쓰여졌으며 쉽게 이해될 수 있는 예제를 들어 설명하고자 하였다. 이번 판에서는 지오지브라의 새 버전의 기능을 적극 반영하였다.

1장은 지오지브라의 역사, 설치방법, 실행화면의 각 부분에 대하여 소개하였다. 2장은 기하 도형을 작도하는 방법을 예제와 함께 소개하였다. 3장은 기하 도형을 활용하여

---

[1] 당시 대학원생이었던 마르쿠스 호헨바터 교수는 석사 논문을 위해 지오지브라를 개발하였다.
[2] 지오지브라를 비영리 목적에 이용하는 것은 자유이지만 영리와 연관이 된 경우에는 국제 지오지브라 연구소의 인가를 얻어야 한다.
[3] 필자가 지오지브라의 한글화를 시작할 때 지오지브라의 명령어를 한글화할 것인가에 대해 많은 시간을 두고 고민하였다. 이때 필자는 지오지브라의 핵심적인 정신인 **Easy-to-use**를 따라 모든 명령어를 한글화해야 한다고 생각하게 되었다. 지오지브라 4.2부터는 영어 명령어도 우리말 명령어와 함께 사용할 수 있게 되어 영어 명령어를 선호하는 사용자를 배려하였다.
[4] 기하, 대수, 미적분, 통계, 이산수학, 3차원 기하 등
[5] 동적 기하 소프트웨어, 컴퓨터 대수 시스템, 자료 분석 소프트웨어, 이산수학 명령, 스크립트, 거북기하 (Turtle Geometry)

## 머리말

수학 문서를 작성하는 방법에 대하여 소개하였다. 4장은 학교 수학에서 자주 사용되는 그래프와 곡선을 그리는 방법에 대하여 예제와 함께 소개하였다. 5장은 부등식의 영역을 그리는 방법에 대하여 예제와 함께 소개하였다. 6장은 슬라이더 도구와 함께 이를 활용한 애니메이션 제작 방법을 소개하였다. 7장은 미분과 적분에 연관된 기능을 예제와 함께 소개하였다. 8장은 CAS 창의 사용법을 예제와 함께 소개하였다. 9장은 스프레드시트 창의 사용법을 예제와 함께 소개하였다. 10장은 스프레드시트 창을 이용한 통계 분석 방법을 소개하였다. 11장은 리스트와 수열 관련 예제를 소개하였다. 12장은 벡터와 행렬 관련 예제를 소개하였다. 13장은 지오지브라에 내장되지 않은 새로운 도구를 만드는 방법에 대하여 소개하였다. 그 외에 지오지브라 연구소, 단축키에 대하여 소개하였다.

    이 책은 예비 및 현직 수학교사, 수학을 탐구하려는 대학생 및 일반인을 독자로 가정하고 서술하였다. 이 책에서 다루지 못한 기능과 예제가 있지만 독자들은 이 책에 제시된 지오지브라의 사용법과 예제를 통해 필자가 미처 설명하지 못한 기능에 대해서도 쉽게 익힐 수 있을 것으로 생각한다. 필자의 작은 바람은 이 책을 통해 독자가 지오지브라를 활용하여 수학에 대해 탐구하면서 개념에 대한 깊은 이해를 얻고 그로 인한 즐거움이 충만해지는 것이다.

    지오지브라와 이 책을 통해서 독자 여러분이 수학을 즐기는 데 많은 도움이 되기를 바란다.

2017년 7월 9일
한국지오지브라연구소장
최 경 식

## 감사의 글

이 책이 나오기까지 많은 분들이 도움을 주셨다. 우선 지오지브라를 개발하고 필자에게 지오지브라의 한글화를 맡겨주신 마르쿠스 호헨바터(Markus Hohenwarter) 교수님께 감사드린다. 필자가 우리나라에서 지오지브라를 보급할 수 있도록 계기를 만들어 주신 졸트 라빅자(Zsolt Lavicza) 교수님께 감사드린다. 지오지브라에 대한 필자의 건의사항을 흔쾌히 받아들여 우리나라 교육현장에 적합한 기능을 개발해 주고 계시는 지오지브라 개발 총책임자 마이클 볼셔즈(Micheal Borcherds)님과 3차원 개발 책임자 마티유 블라서(Mathieu Blosser)님께 감사드린다. 특별히 마티유 블라서님은 3차원 기하창의 Red/Cyan 안경모드를 만들어 달라는 필자의 요청에 따라 Red/Cyan 안경모드를 개발해 주셨다. 지오지브라를 각국에서 발전시켜가고 있는 타츠요시 하마다(Tatsuyoshi Hamada) 교수님, 톨가 카바카(Tolga Kabaca) 교수님께 감사드린다.

우리나라의 전 지역에서 뛰어난 능력으로 지오지브라를 위해 봉사해 주시는 김동석 부소장님, 전수경 대구지오지브라팀장님, 김경용 광주지오지브라팀장님 외 한국지오지브라연구소 웹사이트 회원, 지오지브라, 배우고 가르치고 공유하라! 밴드 회원 여러분께 진심으로 감사드린다. 지오지브라에 많은 관심을 가져주시는 백성혜 교수님, 김남희 교수님, 김성숙 교수님께 진심으로 감사드린다.

필자가 지오지브라에 대한 활동을 하는데 도움을 주신 권기준 교장선생님, 윤재철 교장선생님, 양운택 장학관님, 박진호 선생님, 김혜영 선생님께 감사드린다.

이 책을 출판할 수 있도록 많은 도움을 주신 김남우 대표님과 임직원 여러분께 감사드린다.

마지막으로 부족한 필자를 위해서 기도해 주시고 평생을 헌신하여 주신 부모님, 언제나 필자를 선한 길로 인도하시어 어려움 가운데에서도 다른 사람들에게 작은 도움을 줄 수 있게 하신 하나님께 진심으로 감사드린다. ^_^ *^^*

# 차 례

| | |
|---|---|
| 머리말 | iii |
| 차 례 | vii |

## 제 1 장  지오지브라  3
  1.1  지오지브라 . . . . . . . . . . . . . . . . . . . . . . . . . . . . . . .  3
  1.2  지오지브라의 역사 . . . . . . . . . . . . . . . . . . . . . . . . . . .  4
  1.3  지오지브라의 설치 . . . . . . . . . . . . . . . . . . . . . . . . . . .  5
  1.4  지오지브라의 실행화면 . . . . . . . . . . . . . . . . . . . . . . . . 12
  1.5  자료 . . . . . . . . . . . . . . . . . . . . . . . . . . . . . . . . . . . 16

## 제 2 장  도형 작도  23
  2.1  삼각형의 외심과 외접원 . . . . . . . . . . . . . . . . . . . . . . . 24
  2.2  삼각형의 내심과 내접원 . . . . . . . . . . . . . . . . . . . . . . . 27
  2.3  구성단계 네비게이션바 . . . . . . . . . . . . . . . . . . . . . . . . 30

## 제 3 장  수학 문서 작성  31
  3.1  기하창을 그림으로 내보내기 . . . . . . . . . . . . . . . . . . . . 32
  3.2  기하창 그림을 한글(HWP)에 삽입하기 . . . . . . . . . . . . . . 33
  3.3  도형 장식하기 . . . . . . . . . . . . . . . . . . . . . . . . . . . . . 35

## 제 4 장  그래프와 곡선  51
  4.1  점 . . . . . . . . . . . . . . . . . . . . . . . . . . . . . . . . . . . . . 51
  4.2  함수의 그래프 . . . . . . . . . . . . . . . . . . . . . . . . . . . . . 51
  4.3  합성함수의 그래프 . . . . . . . . . . . . . . . . . . . . . . . . . . 53
  4.4  음함수 곡선 . . . . . . . . . . . . . . . . . . . . . . . . . . . . . . . 54
  4.5  매개변수 방정식의 곡선 . . . . . . . . . . . . . . . . . . . . . . . 55
  4.6  조건이 있는 함수의 그래프 . . . . . . . . . . . . . . . . . . . . . 56
  4.7  조건이 있는 함수의 그래프(수학 문서 작성) . . . . . . . . . . . 57

## 제 5 장  부등식의 영역  59

| | | |
|---|---|---|
| 5.1 | 경계선이 $y = f(x)$인 경우 | 59 |
| 5.2 | 경계선이 $f(x, y) = c$인 경우 | 60 |
| 5.3 | 교집합과 합집합 | 61 |

## 제 6 장  슬라이더와 애니메이션 · 63

| 6.1 | 슬라이더 | 63 |
|---|---|---|
| 6.2 | 애니메이션 예제 | 64 |

## 제 7 장  미분과 적분 · 67

| 7.1 | 미분 | 67 |
|---|---|---|
| 7.2 | 적분 | 69 |

## 제 8 장  CAS · 77

| 8.1 | CAS 전용 도구 | 78 |
|---|---|---|
| 8.2 | CAS 예제 | 81 |
| 8.3 | CAS 셀 | 85 |

## 제 9 장  스프레드시트 창 · 93

| 9.1 | 스프레드시트 창 | 94 |
|---|---|---|
| 9.2 | 스프레드시트 전용 도구 | 95 |
| 9.3 | 스프레드시트 창 예제 | 96 |

## 제 10 장  통계 분석 환경 · 99

| 10.1 | 일변량 분석 예제 | 99 |
|---|---|---|
| 10.2 | 확률 계산기 | 106 |

## 제 11 장  리스트와 수열 · 109

| 11.1 | 리스트 | 109 |
|---|---|---|
| 11.2 | 수열 관련 예제 | 110 |

## 제 12 장  벡터와 행렬 · 113

| 12.1 | 벡터 | 113 |
|---|---|---|
| 12.2 | 행렬 | 115 |

## 제 13 장  새로운 도구 만들기 · 123

| 13.1 | 도구 만들기 예제 | 123 |
|---|---|---|

## 제 14 장  참고자료     135
   14.1 한국지오지브라연구소 . . . . . . . . . . . . . . . . . . . 135

   14.2 단축키 . . . . . . . . . . . . . . . . . . . . . . . . . . . 137

## 찾아보기     145

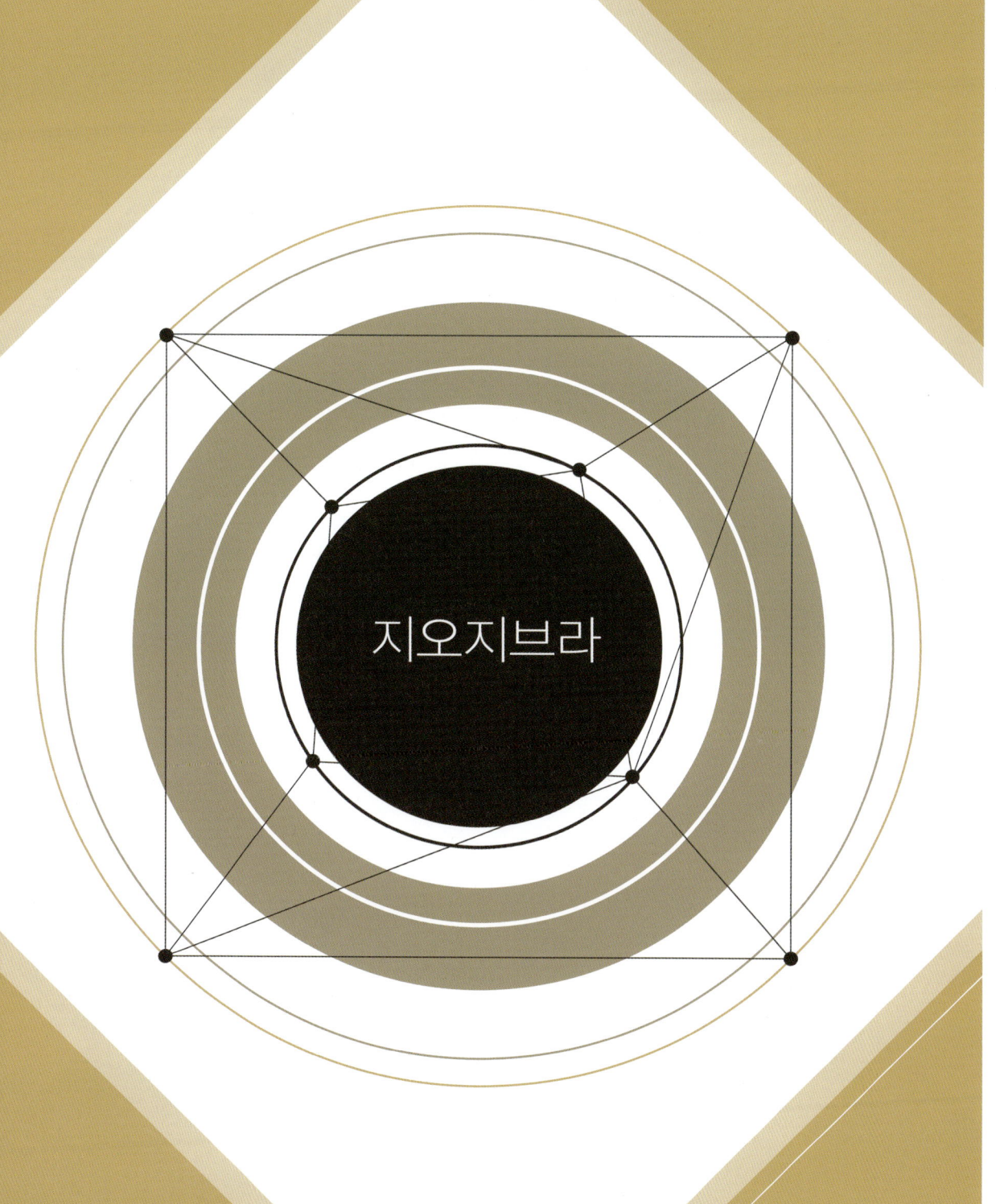

지오지브라와 함께 하는 스마트수학

# CHAPTER 1

# 지오지브라

## 1.1 지오지브라

**지오지브라**(GeoGebra)는 기하, 대수, 미적분, 통계, 이산수학, 3차원 기하를 다룰 수 있으며 비영리적인 목적[1]을 위해 무료로 사용할 수 있는 오픈소스 자유 소프트웨어이다.

지오지브라의 이름은 지오(**Geo**metry; 기하)와 지브라(**Algebra**; 대수)의 합성어로 **동적 기하 소프트웨어**(DGS; Dynamic Geometry Software)와 **컴퓨터 대수 시스템**(CAS; Computer Algebra System)을 결합한 소프트웨어라는 의미를 담고 있다. 따라서 지오지브라는 다양한 수학 영역의 대상을 다룰 수 있는 **동적 수학 소프트웨어**(DMS; Dynamic Mathematics Software)라고 볼 수 있다.

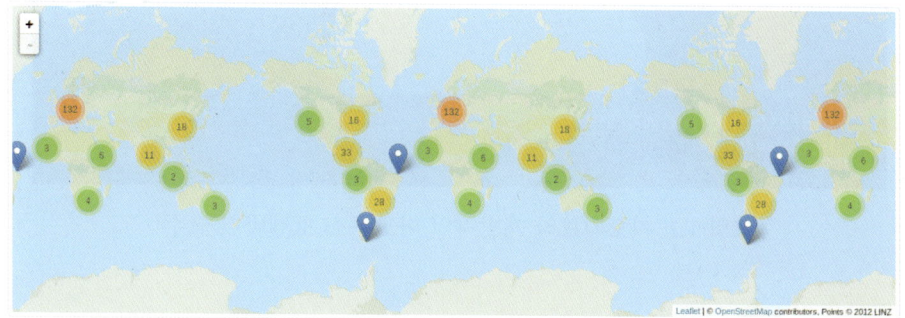

그림 1.1: 전 세계의 지오지브라 연구소

---

[1] 지오지브라와 연관되어 영리가 발생하는 경우에는 국제지오지브라연구소 (IGI; International GeoGebra Institute) 의 허가가 필요하다. [office@geogebra.org(영어), kyeong@geogebra.or.kr(한국어)]

## 1.2 지오지브라의 역사

지오지브라는 오스트리아의 마르쿠스 호헨바터(Markus Hohenwarter)가 대학원생이었던 2001년도에 개발되었다. 마르쿠스 호헨바터는 수학교육과 컴퓨터 공학을 전공하였으며 **동적 기하 소프트웨어와 컴퓨터 대수 시스템을 결합한 소프트웨어**를 개발하고자 하였다. 이러한 작업의 결실로 2002년에 지오지브라는 인터넷을 통하여 소프트웨어의 초기 버전이 공개되었고 오스트리아와 독일의 교사들에게 폭발적인 인기를 얻게 되었다. 같은 해 마르쿠스 호헨바터는 지오지브라의 개발로 EASA(European Academic Software Award) 상을 수상하였으며 현재는 오스트리아를 중심으로 전 세계의 프로그래머들과 지오지브라를 개발하고 있다.

2008년에 최경식[2]은 지오지브라의 인터페이스 및 관련 문서를 한글화하였으며 **한국지오지브라연구소**[3]를 통해 지오지브라의 보급, 출판, 연수, 관련 연구 프로젝트를 담당하고 있다.

그림 1.2: 지오지브라 개발자인 마르쿠스 호헨바터 교수

---

[2] kyeong@geogebra.or.kr
[3] http://www.geogebra.or.kr

## 1.3 지오지브라의 설치

지오지브라는 다양한 방법으로 사용할 수 있다. 인터넷에 접속하여 지오지브라를 사용할 수도 있고 설치 프로그램을 다운로드 받아 설치할 수도 있다. 태블릿이나 스마트폰에 앱을 다운로드 받을 수도 있다.

이 책에서는 **지오지브라 클래식**을 기준으로 설명할 것이다. 지오지브라 클래식은 다양한 지오지브라의 기능 가운데 가장 풍부한 기능을 포함하고 있는 버전이다.

**설치파일 다운로드**

① 다운로드를 클릭한다.

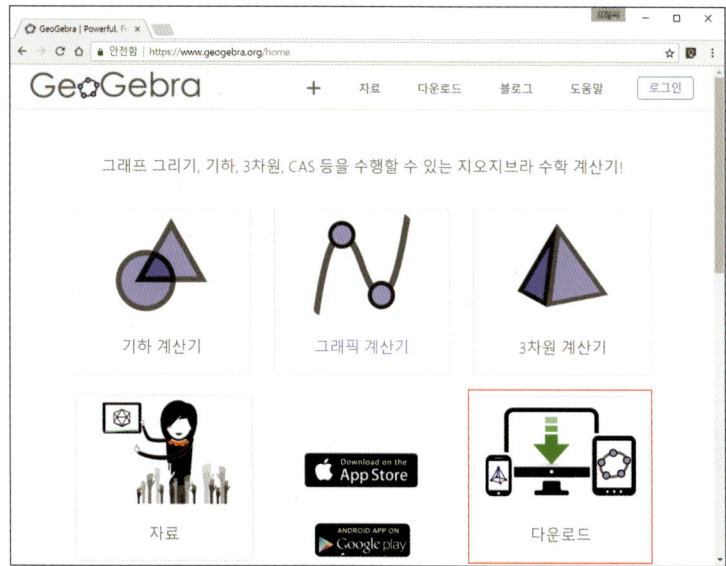

② 지오지브라 클래식(GeoGebra Classic)의 Windows를 클릭하면 설치파일을 다운로드 받을 수 있다.

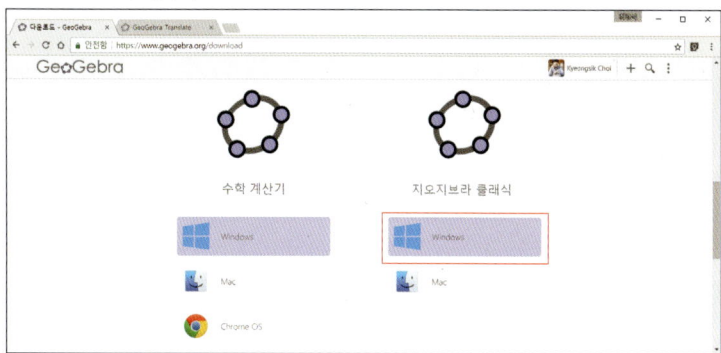

### 인터넷 상에서 사용

① 지오지브라의 공식 홈페이지인 http://www.geogebra.org에 접속하여 그래픽 계산기를 클릭한다.

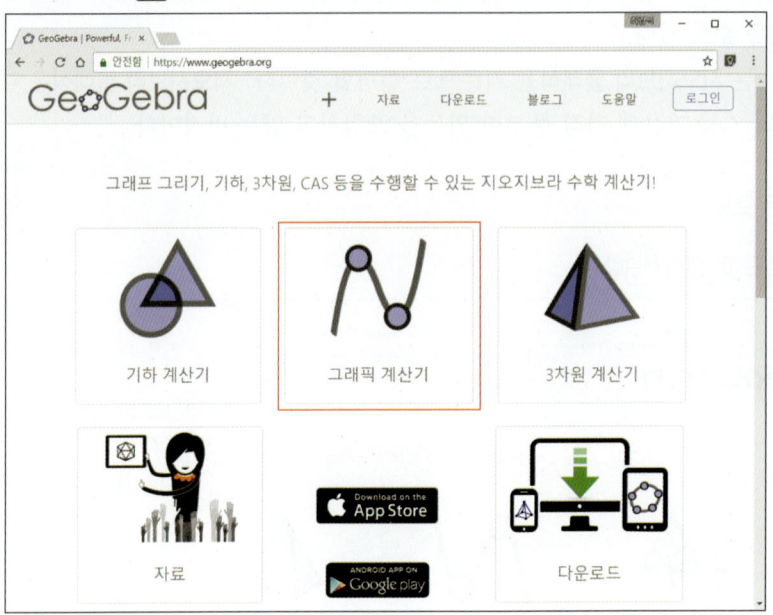

② 인터넷 웹브라우저에서 지오지브라를 사용할 수 있다.

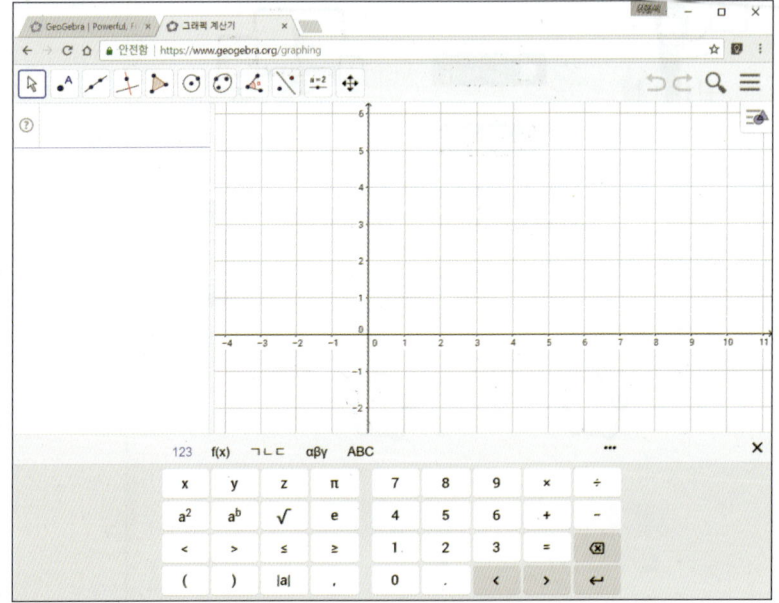

1.3 지오지브라의 설치

**윈도우즈 앱 설치**

① Windows 10에서 스토어를 클릭 한 후 검색창에 지오지브라(geogebra)를 입력한다.

② 검색 결과에서 GeoGebra를 클릭 하면 지오지브라(GeoGebra) 앱에 대한 소개자료가 나타난다. 설치 를 클릭 한다.

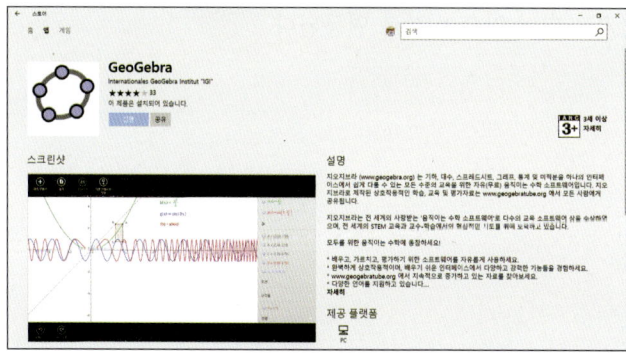

③ 온라인 지오지브라와 동일한 인터페이스의 지오지브라 앱이 나타난다.

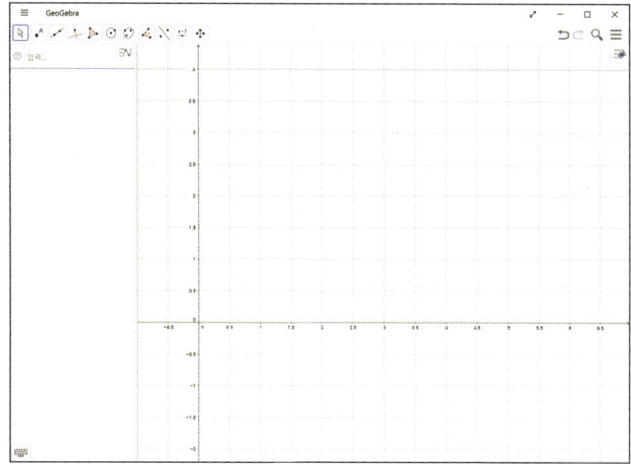

제1장 지오지브라

## 안드로이드 앱 설치

① 안드로이드 기기의 Play 스토어에서 지오지브라(geogebra)를 검색하면 지오지브라 앱을 찾을 수 있다.

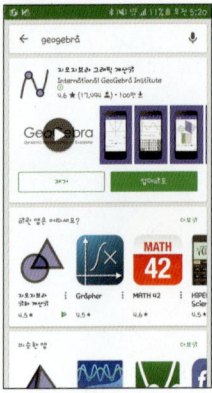

② 지오지브라 안드로이드 앱은 지오지브라 그래픽 계산기, 지오지브라 3차원 계산기, 지오지브라 기하 계산기로 되어 있으며 서로 연동된다.

③ 설치가 완료되면 그림과 같은 화면이 나타나 지오지브라의 기능을 사용할 수 있다.

### 설치오류 해결방법

지오지브라 설치파일을 다운로드 받은 후 실행하였으나 설치가 되지 않는 경우가 있다. 이런 경우에는 다음 과정을 따라 실행한 다음 설치파일을 실행하면 지오지브라를 설치할 수 있다.[4]

① 제어판을 클릭 한다.

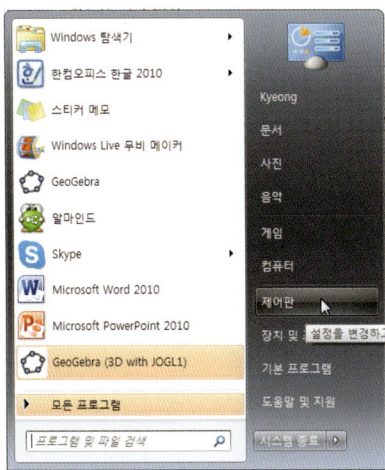

② 시계, 언어 및 국가별 옵션 - 키보드 또는 기타 입력 방법 변경을 클릭 한다.

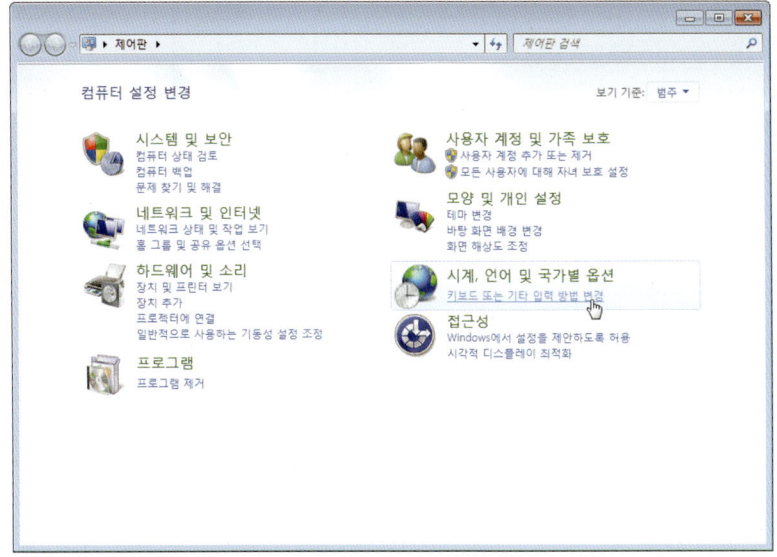

---

[4]Windows 7에서 이와 같은 설치오류가 종종 발생한다.

③ 키보드 변경(C)... 을 클릭한다.

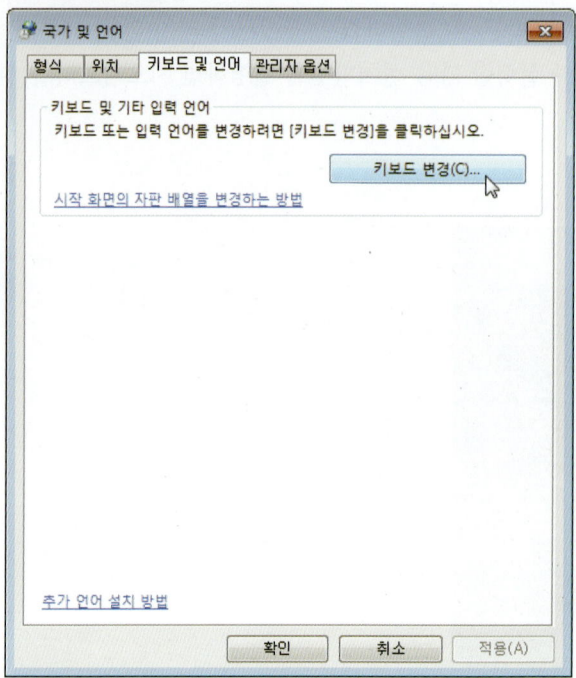

④ 추가(D)... 를 클릭한다.

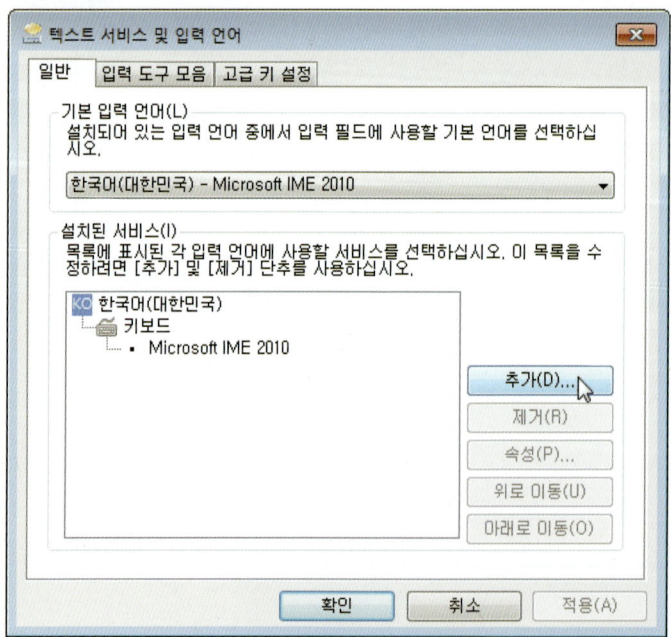

⑤ 한국어(대한민국) 아래의 Microsoft 입력기를 클릭 한 후 확인 을 클릭 한다.

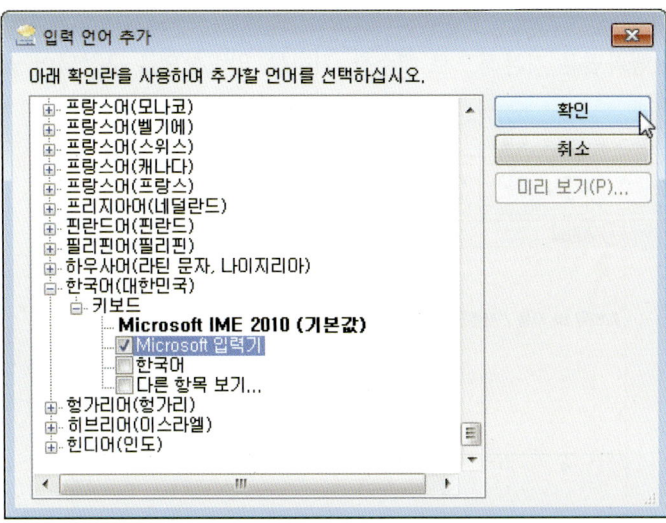

⑥ 콤보상자에서 한국어(대한민국) - Microsoft 입력기를 선택한 후 확인 을 클릭 한다.

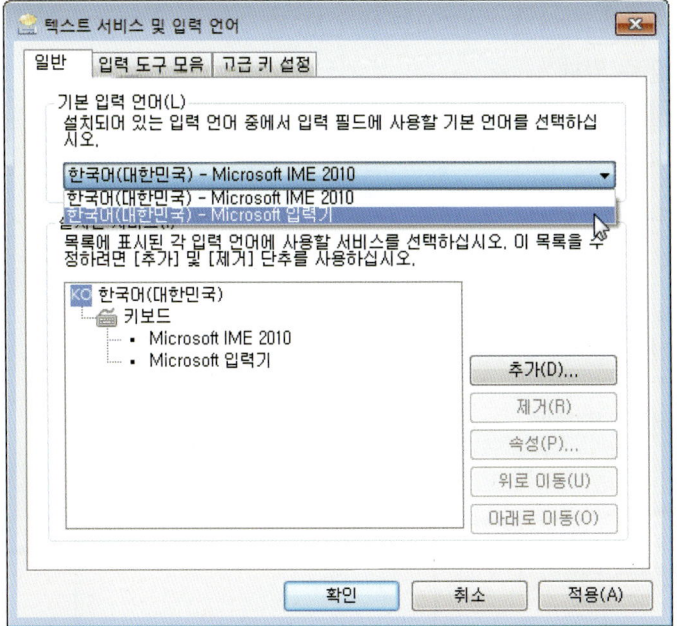

제 1 장 지오지브라

## 1.4 지오지브라의 실행화면

**실행화면**

① 지오지브라의 실행화면은 기본적으로 대수창, 기하창, 입력창으로 구성되어 있다.

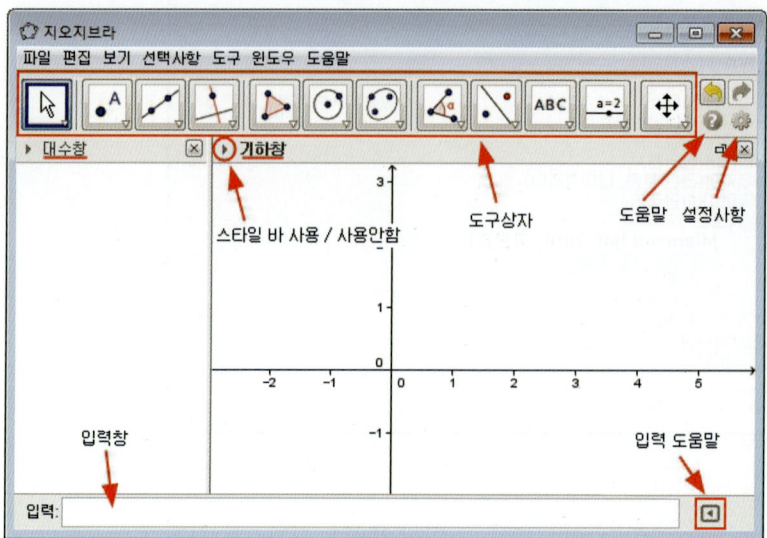

② 메뉴의 보기를 클릭하면 스프레드시트 창, CAS 창, 기하창 2, 구성단계, 화면배치 등이 나타나게 할 수 있다.

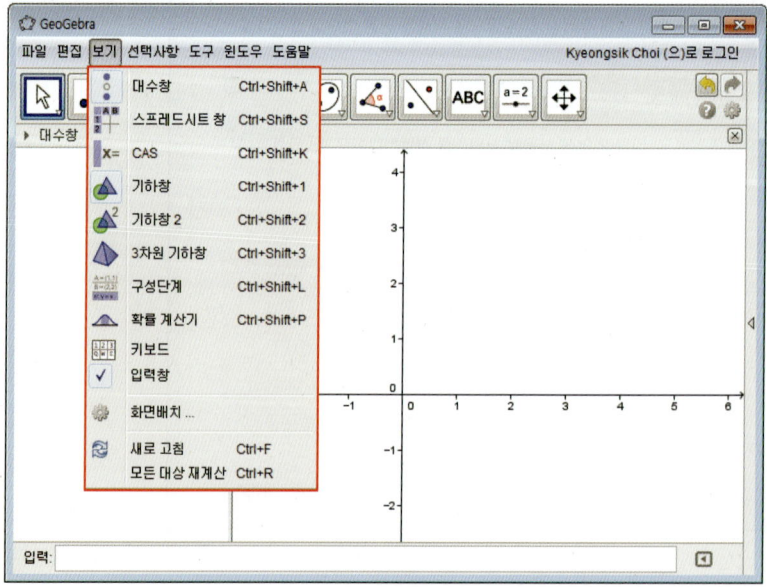

12

대수창에서는 기하창에 나타나는 수학적 대상들의 정보를 보여준다. 예를 들어 기하창의 점, 직선, 함수 그래프 등의 대수적 표현(수식)은 대수창에 나타나게 된다. 또한 지오지브라는 대수적 표현과 기하적 대상을 서로 연결하여 보여준다. 예를 들어 기하창에서 마우스로 점을 움직이면 대수창에서 점의 좌표가 동시에 변화하며 대수창에서 점의 좌표를 수정하면 기하창에서 점이 이동한다.

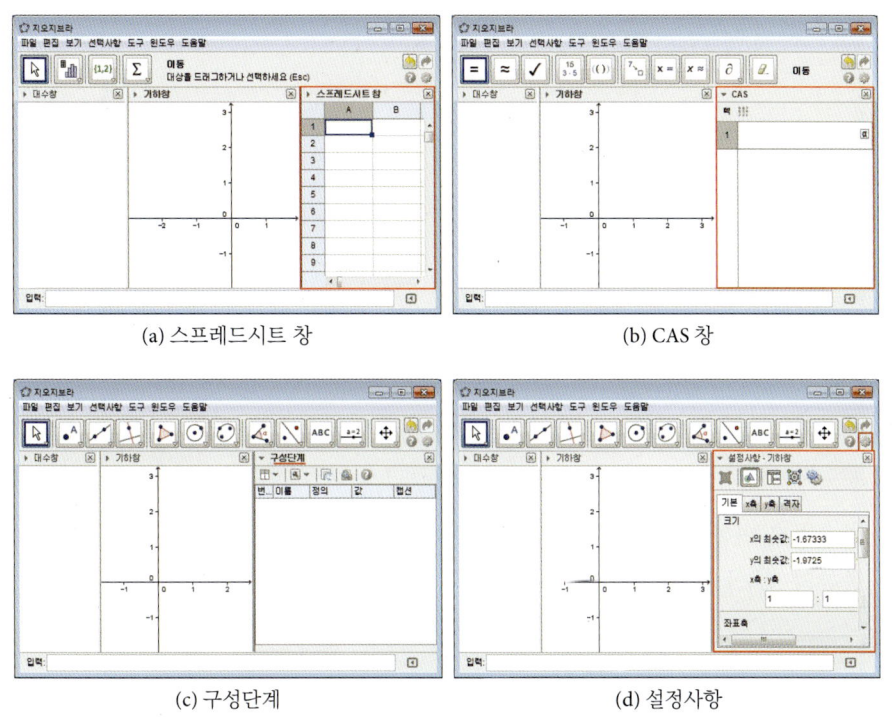

(a) 스프레드시트 창  (b) CAS 창

(c) 구성단계  (d) 설정사항

그림 1.3: 지오지브라의 실행화면

제 1 장 지오지브라

## 도구상자

① 마우스를 **도구상자** 아래에 있는 역삼각형(▼)에 올려놓으면 빨간색으로 바뀌고 도구의 이름과 사용법이 나타난다.[5]

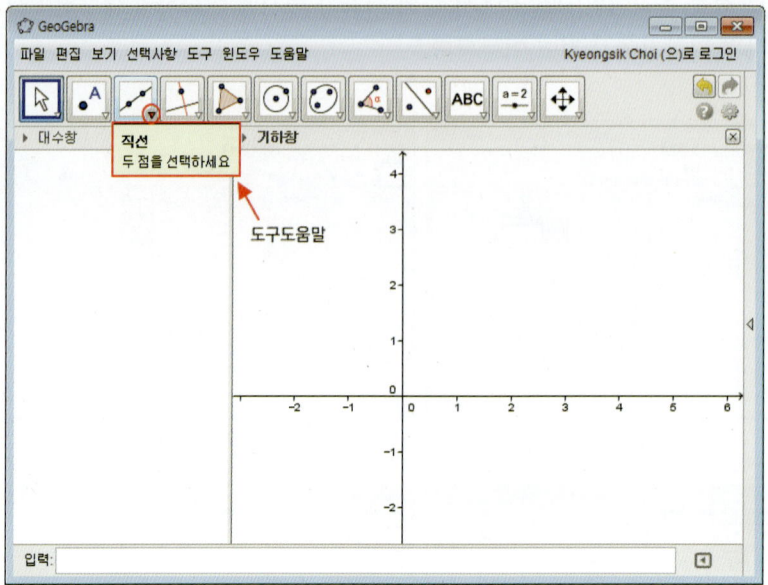

② 마우스로 역삼각형(▼)을 클릭 하면 도구상자가 열린다. 도구상자에는 비슷한 종류의 도구들이 모여있다.

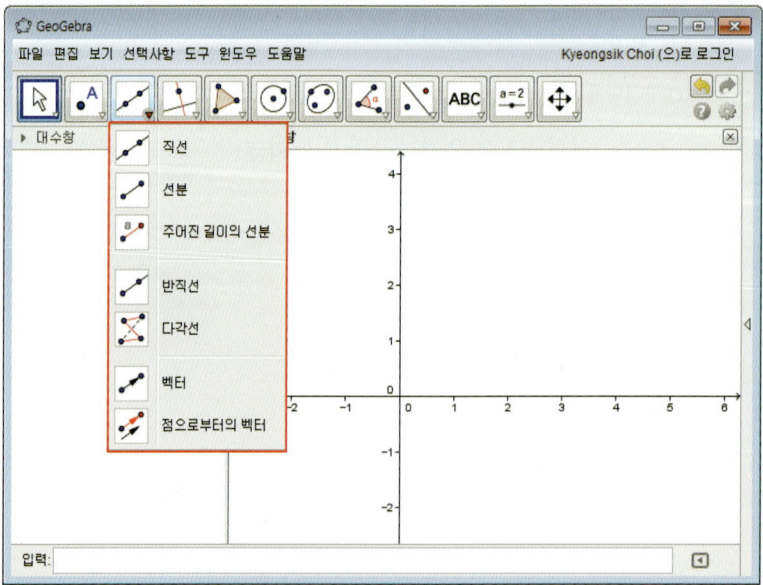

---
[5]도구 도움말은 도구의 사용순서를 반영하고 있다.

**입력창과 입력 도움말**

① 입력창 오른편의 **입력 도움말** ▶ 을 클릭하면 지오지브라의 내장 명령어를 볼 수 있다.

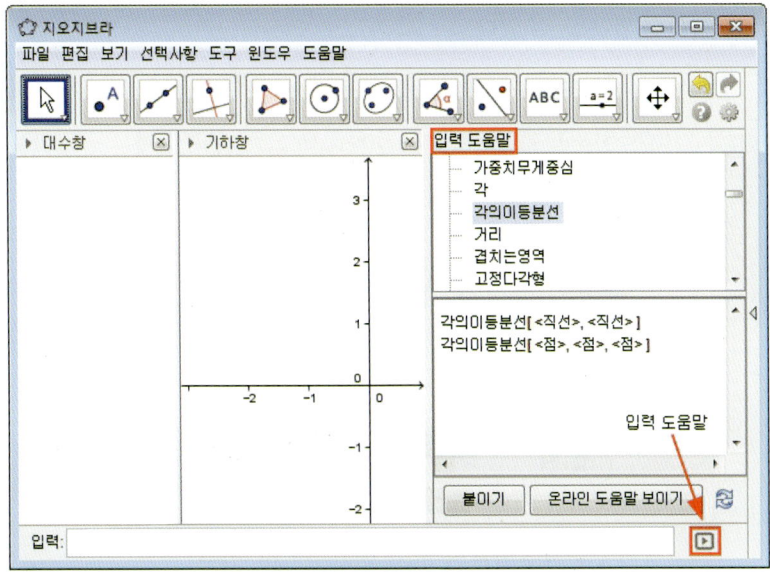

② 사용할 명령어를 클릭한 후 붙이기 를 클릭하면 해당 명령어가 입력창에 입력된다.

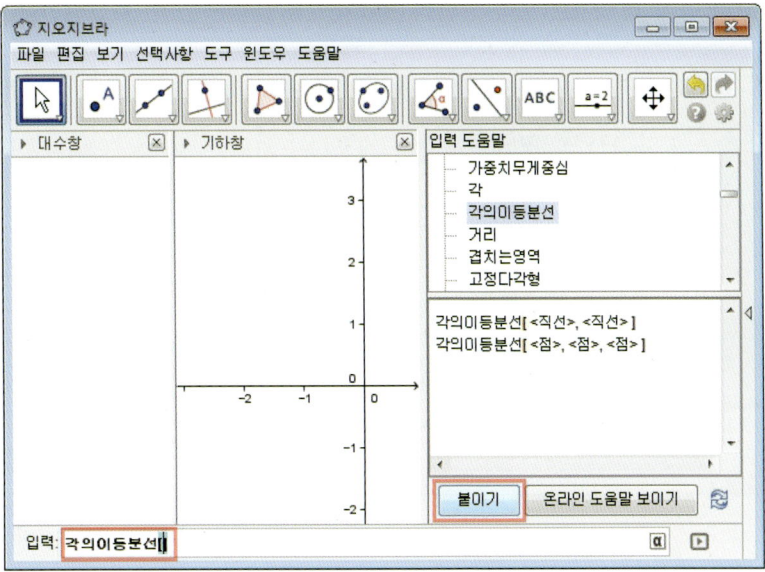

## 1.5 자료

**자료**는 지오지브라 자료를 저장하고 공유할 수 있는 인터넷 공간이다. 지오지브라 공식 웹사이트에 가입하면 용량이 무제한인 자료 저장 클라우드를 제공받으며 전 세계의 지오지브라 자료를 검색하여 활용할 수 있다.

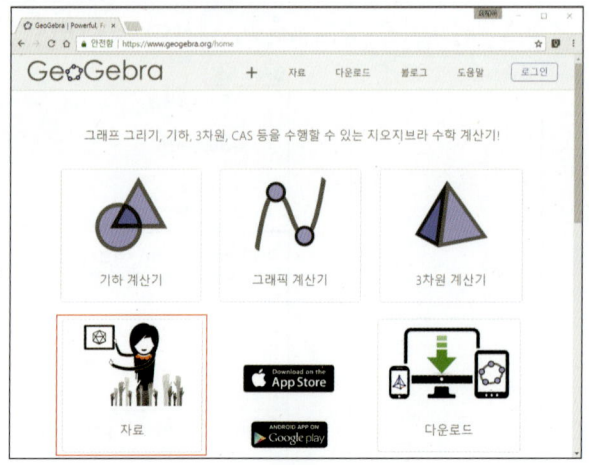

그림 1.4: 지오지브라 공식 웹사이트의 '자료'

로그인

- 지오지브라 공식 웹사이트 우측 상단의 로그인 을 클릭하여 로그인한다.

## 새로 만들기

화면 우측 상단의 ➕ 를 클릭🖱하면 지오지브라 자료를 만들기 위한 다양한 메뉴가 제시된다.

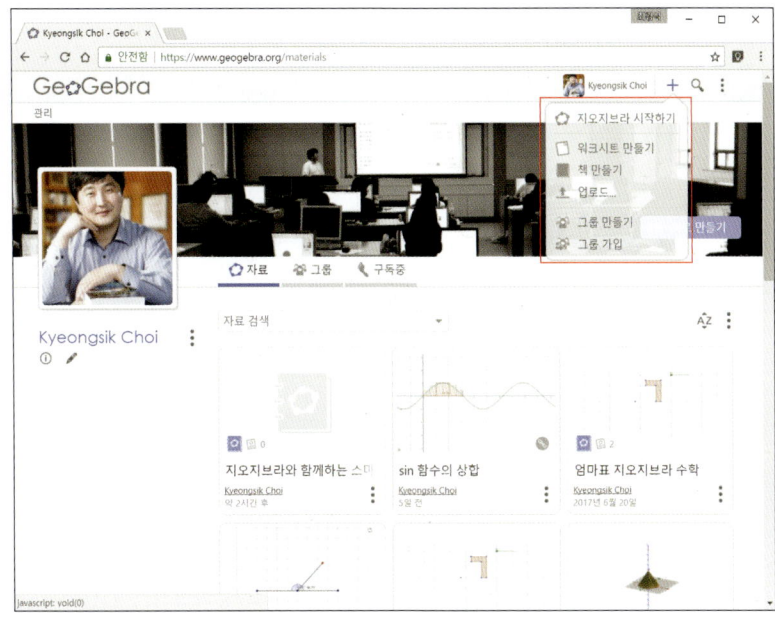

그림 1.5: + 새로 만들기

## 워크시트 만들기

**워크시트**는 학교에서 사용하는 수학, 과학 학습지라고 생각하면 된다. 학생들이 다양하게 생각할 수 있는 문제를 지오지브라 환경과 함께 제시하는 것이다. **워크시트** 안에는 텍스트, 비디오, 지오지브라, 웹, pdf 자료 등 다양한 자료를 포함할 수 있도록 되어 있다(그림 1.6).

## 책 만들기

교사의 학습지를 묶어 정리하면 책으로 만들 수 있다. 지오지브라에서는 이와 같은 경험을 온라인 환경에 적용하였다. 교사 자신이 직접 만든 자료나 다른 사람이 만든 자료를 묶어 하나의 책으로 만드는 것이다(그림 1.7).

## 그룹 만들기

자료 저장의 공간을 무제한으로 제공하는 지오지브라 클라우드와 함께 '그룹'이라는 서비스를 눈여겨 보아야 한다. **그룹**은 과목 담당 선생님과 학생이 함께 소통할 수 있는

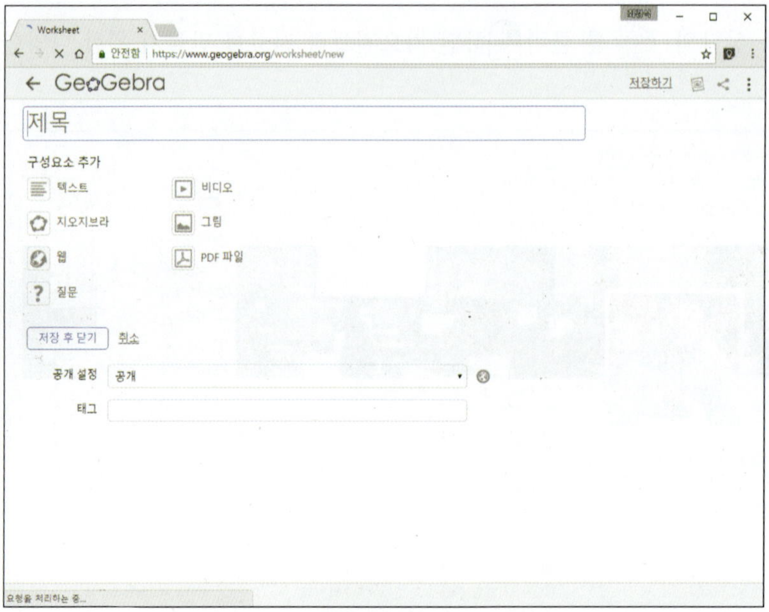

그림 1.6: 워크시트 만들기 환경

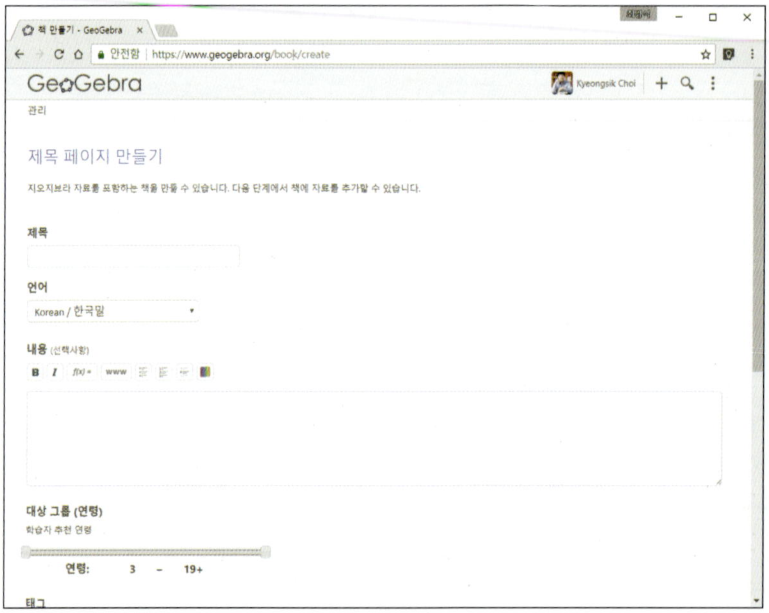

그림 1.7: 책 만들기 환경

온라인 공간이다. 교사가 **그룹**을 만들고 코드를 공유하면 학생은 그 코드를 입력하고 해당 그룹에 가입할 수 있다(그림 1.8, 1.9). 이 공간에서 학습 내용 공유 및 학생에 대한 피드백, 평가까지도 수행할 수 있다.

그림 1.8: 그룹 만들기 환경

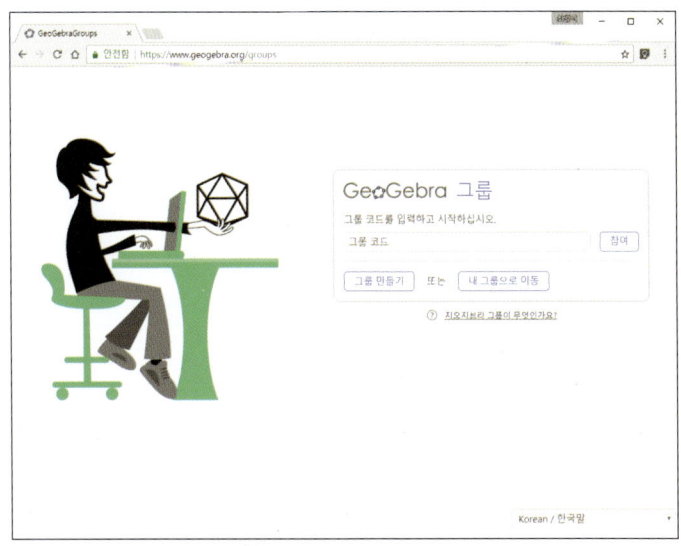

그림 1.9: 그룹 가입하기

## 자료 공유

지오지브라 자료를 검색하다가 정말 좋은 자료를 만날 때가 있다. 이 자료를 나만 알 수 있도록 숨겨야 할까? 필자는 내 것을 다른 사람에게 나누어주면 더 큰 보답을 받게 된다는 것을 배웠다. 특히 교육에 있어서 이는 진리라고 할 수 있다.

좋은 자료가 있다면 '공유' 버튼을 누르고 자료를 공유하자.

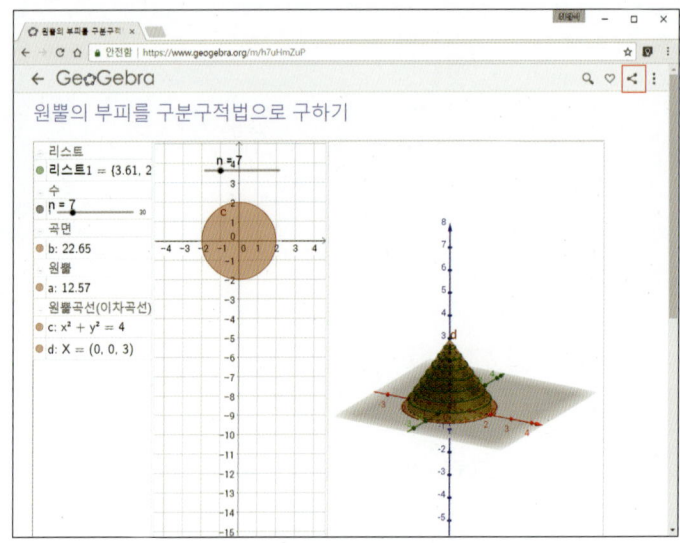

그림 1.10: 공유 버튼 누르기

그림 1.11: 공유 관련 메뉴

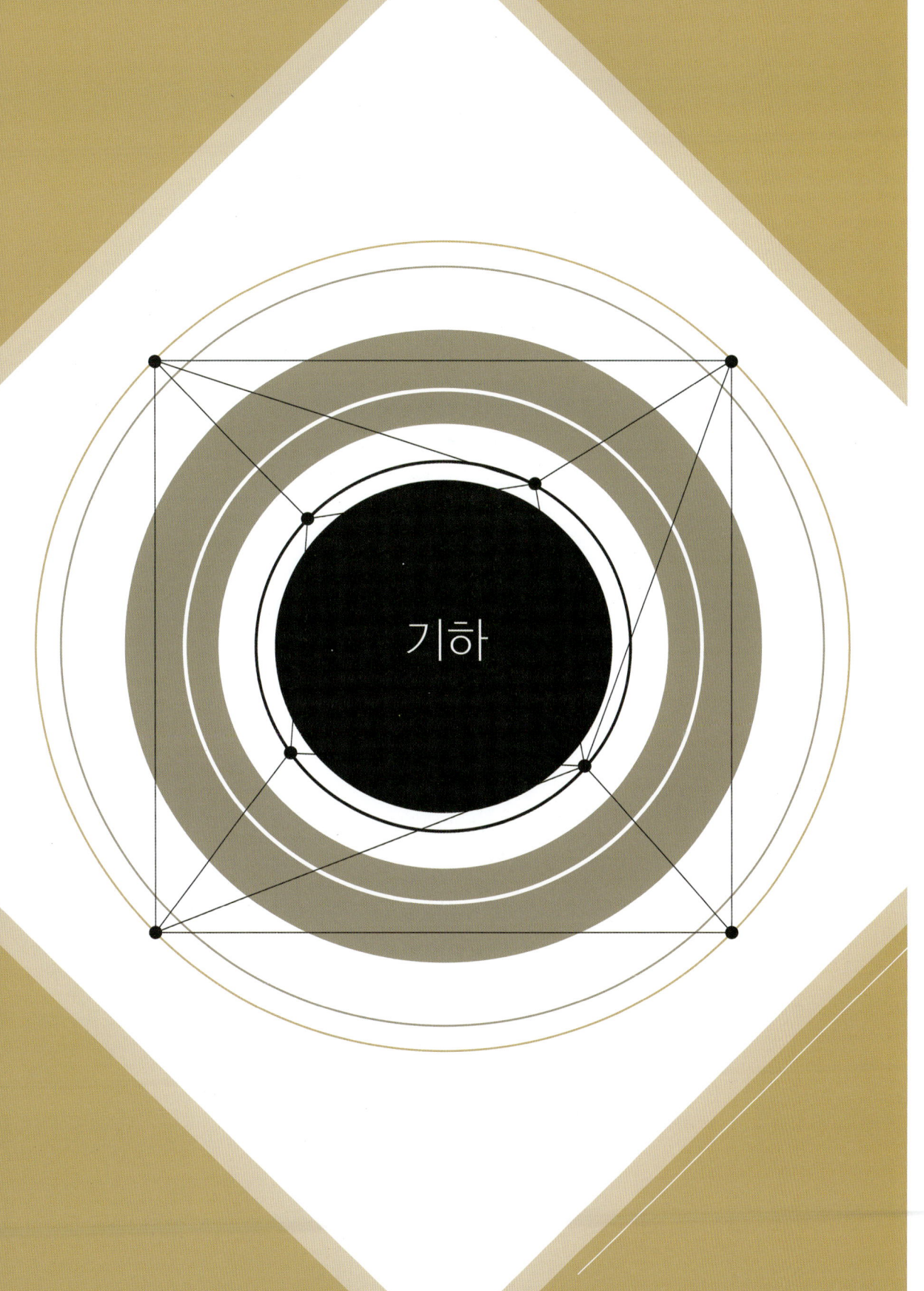

지오지브라와 함께 하는 스마트수학

CHAPTER 2

# 도형 작도

지오지브라는 **동적 기하 소프트웨어**(DGS; Dynamic Geometry Software) 기능을 제공한다. 그리스 시대의 전통에 따른 작도는 자(직선)와 컴퍼스(원)로 도형을 구성하는 것을 말한다. 그러나 이 장에서의 작도는 그리스 시대의 **작도**가 아닌 도형을 구성하는 활동을 지칭한 것이다. 이 장에서는 지오지브라에서 기하 도형을 작도하는 예제를 실습한다.

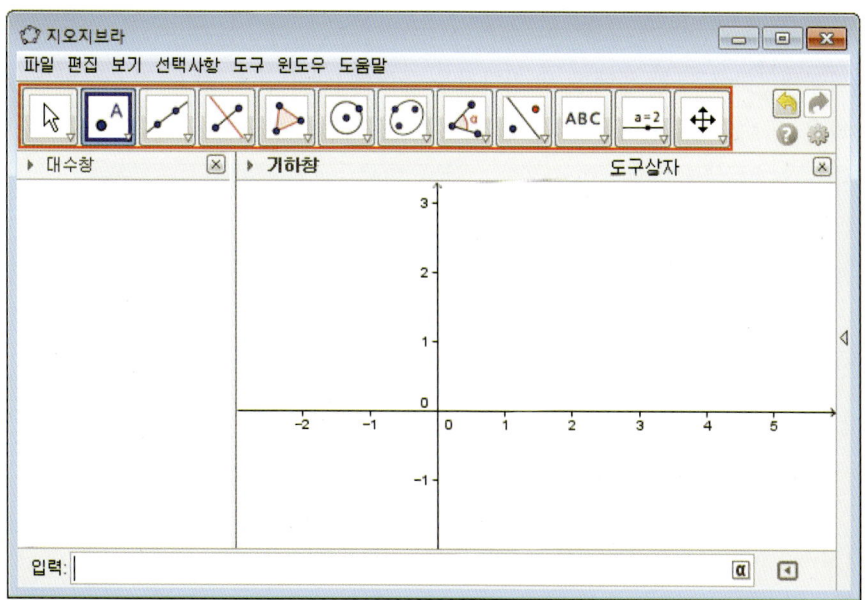

그림 2.1: 지오지브라의 도구상자

23

제2장 도형 작도

## 2.1 삼각형의 외심과 외접원

**작도 예제 1**

삼각형의 외심과 외접원을 작도하시오.

삼각형의 외심과 외접원을 작도하기 위해 다음 도구를 사용한다.

| 1 | | 다각형 |
|---|---|---|
| 2 | | 수직 이등분선 |
| 3 | | 교점 |
| 4 | | 중심이 있고 한 점을 지나는 원 |

다음은 삼각형의 외심과 외접원을 작도하는 과정이다.

① 다각형 도구를 선택한 후 기하창을 클릭하여 점 A, 점 B, 점 C를 만든다. 그 다음 점 A를 다시 클릭하면 삼각형이 만들어진다.

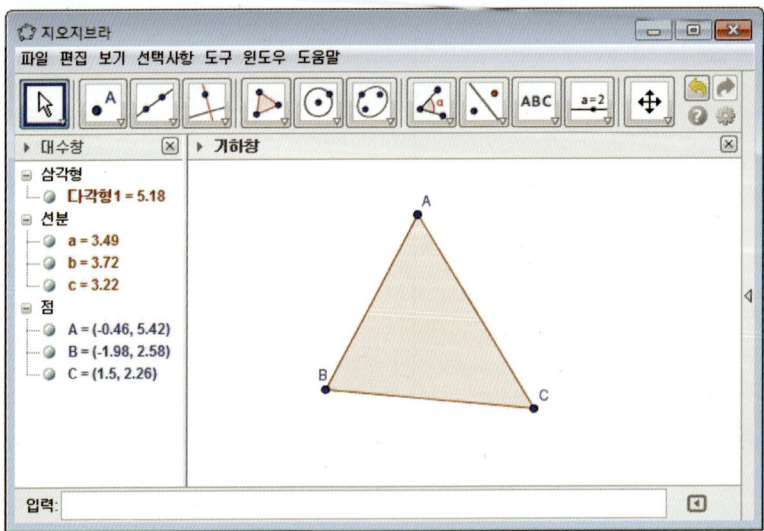

② 수직 이등분선 도구를 선택한 후 선분 AB와 선분 BC를 클릭 하면 두 변의 수직 이등분선이 만들어진다.

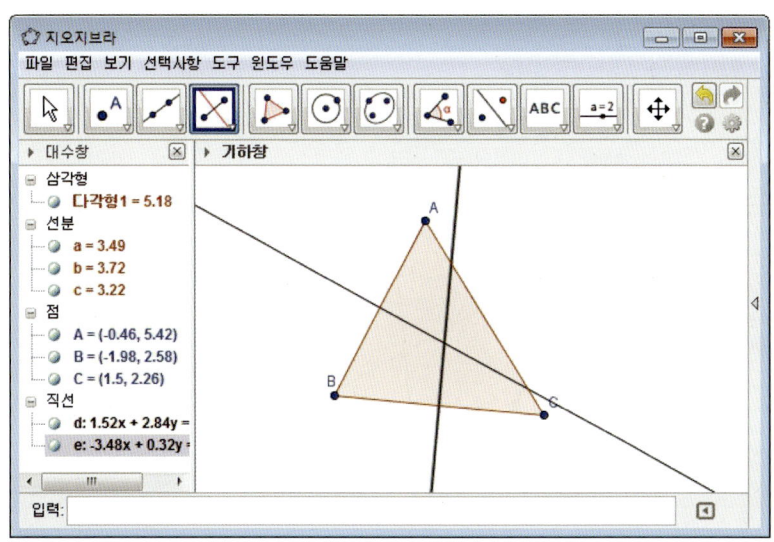

③ 교점 도구를 선택한 후 두 직선의 교점 부분을 클릭 하여 점 D를 만든다.[1]

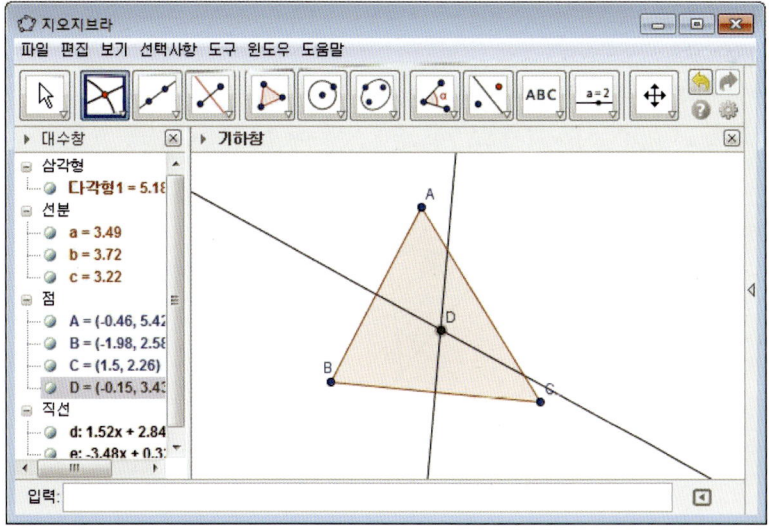

---

[1] 지오지브라에서 교점은 짙은 회색이다. 만일 다른 색상인 경우에는 교점이 아니므로 교점 부분을 다시 클릭 해야 한다.

④ 중심이 있고 한 점을 지나는 원 도구를 선택한 후 중심점(점 D)과 원 위의 한 점 (점 A)을 클릭 하여 외접원을 만든다.

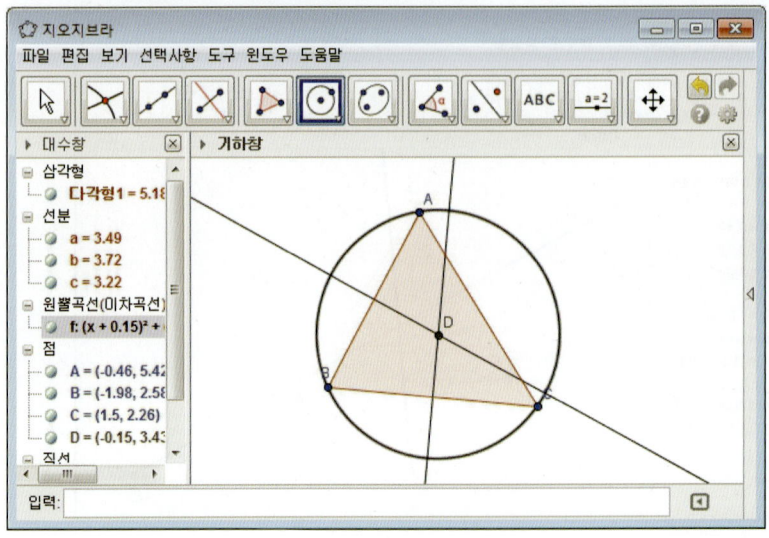

⑤ 삼각형의 꼭짓점을 마우스 오른쪽 드래그 하면 삼각형의 **외접원**도 그에 따라 함께 움직이는 것을 볼 수 있다.[2]

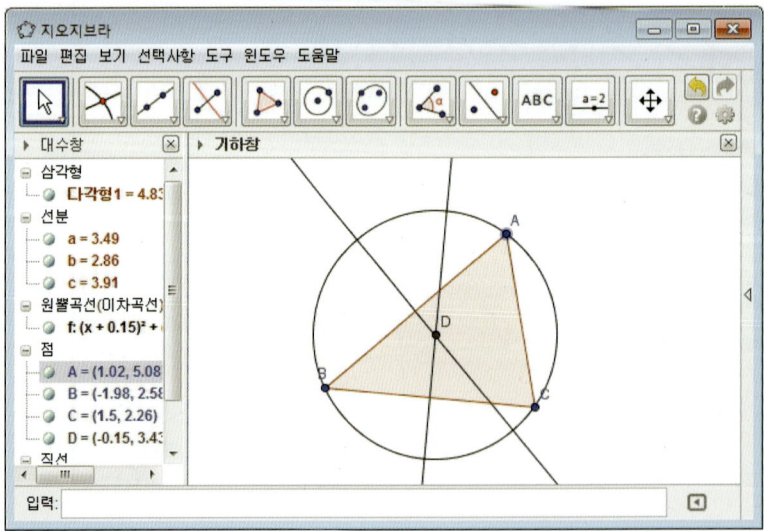

---

[2] 이동 도구를 선택하거나 ESC 를 눌러 마우스로 드래그 해도 된다.

## 2.2 삼각형의 내심과 내접원

**작도 예제 2**

삼각형의 내심과 내접원을 작도하시오.

삼각형의 내심과 내접원을 작도하기 위해 다음 도구를 사용한다.

| 1 | | 각의 이등분선 |
| 2 | | 교점 |
| 3 | | 수직선 |
| 4 | | 중심이 있고 한 점을 지나는 원 |

다음은 삼각형 ABC의 내심과 내접원을 작도하는 과정이다. 기하창에 삼각형 ABC가 존재한다고 가정하자.

① 각의 이등분선 도구를 선택한 후 삼각형의 꼭짓점인 점 A, 점 B, 점 C를 클릭하여 각 B의 이등분선을 만든다.

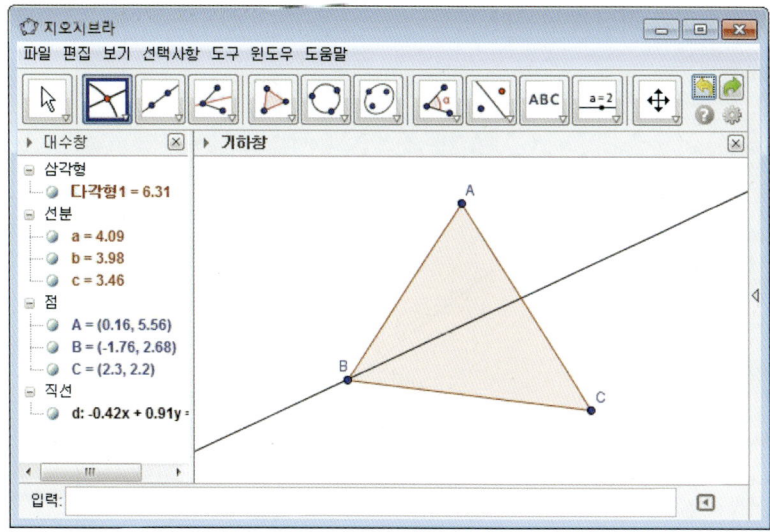

② 각의 이등분선 도구를 선택한 후 점 A, 점 C, 점 B를 클릭하여 각 C 의 이등분선을 만든다.

그 다음 교점 도구를 선택한 후 두 직선의 교차점을 클릭하여 교점 D를 만든다.

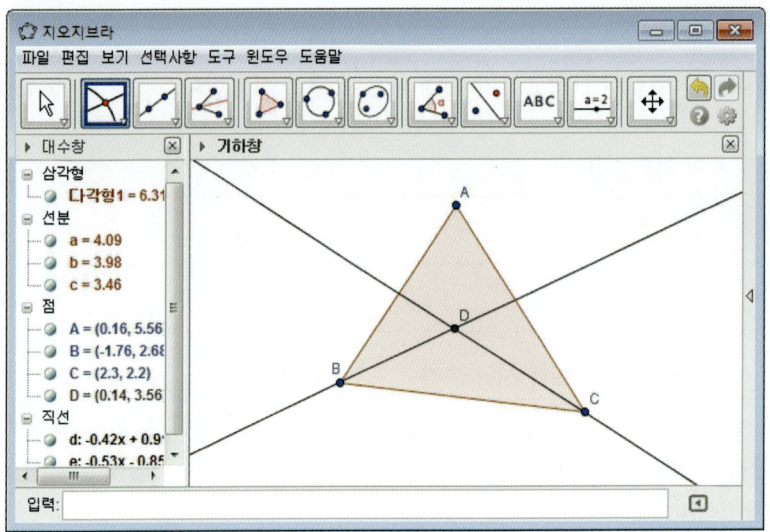

③ 수직선 도구를 선택한 후 섬 D, 선분 AB를 차례로 클릭하여 점 D를 지나며 선분 AB에 수직인 직선을 만든다.

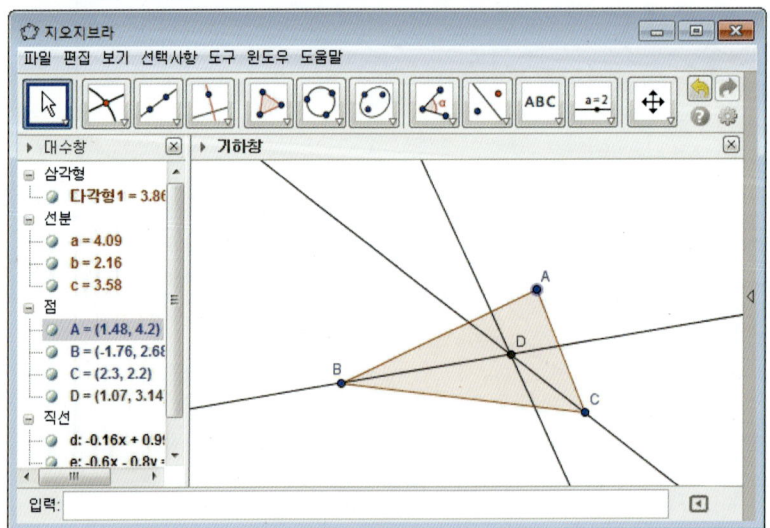

2.2 삼각형의 내심과 내접원

④ 교점 도구를 선택한 후 앞에서 만들어진 수직선과 선분 AB를 클릭 하여 교점 E를 만든다.[3]

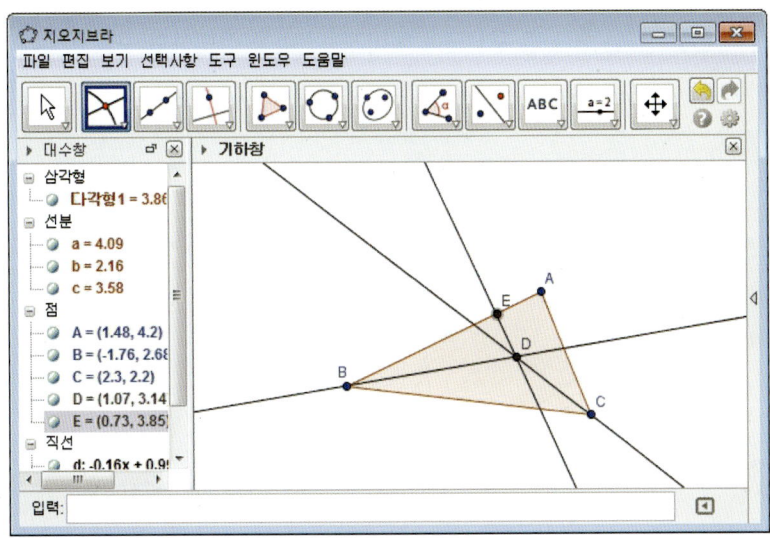

⑤ 중심이 있고 한 점을 지나는 원 도구를 선택한 후 중심점(점 D)과 원 위의 한 점 (점 E)을 차례로 클릭 하여 삼각형 ABC의 내접원을 만든다.

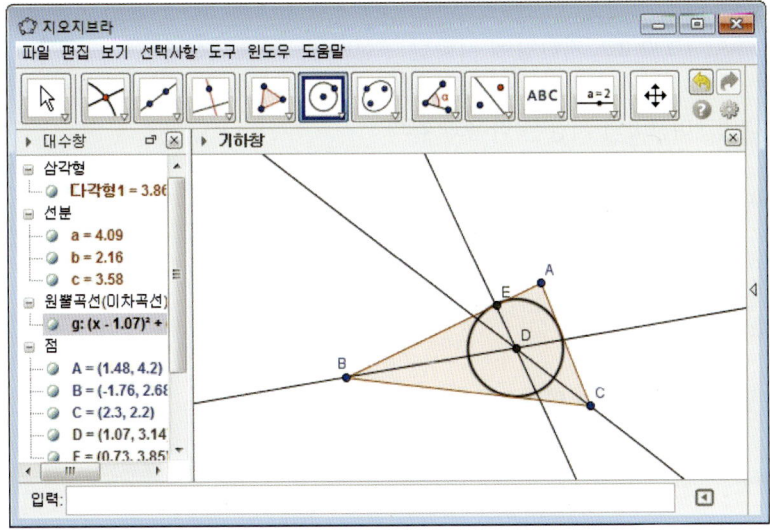

---

[3] 점 E 는 내접원이 삼각형의 변에 접하는 점이다.

29

## 2.3 구성단계 네비게이션바

**구성단계 네비게이션바**를 이용하면 작도의 과정을 쉽게 되돌려 볼 수 있다. 기하창에서 마우스 오른쪽 버튼을 클릭한 후 구성단계 네비게이션바를 선택하면 구성단계 네비게이션바를 볼 수 있다(그림 2.2).

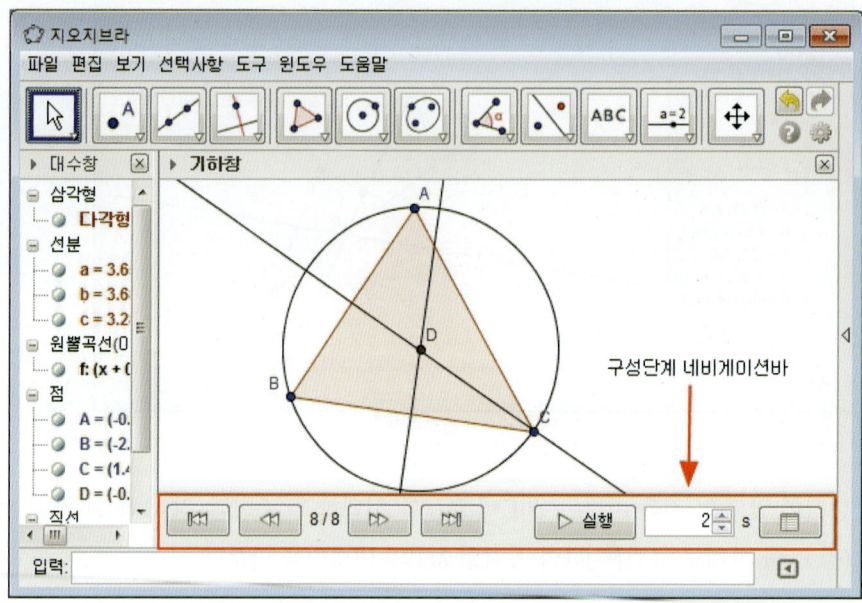

그림 2.2: 기하창에 나타난 구성단계 네비게이션바

구성단계 네비게이션바의 기능은 다음과 같다.

① 맨 처음 단계로 이동

② 이전 단계로 이동

③ 다음 단계로 이동

④ 맨 마지막 단계로 이동

⑤ 각 구성단계를 일정한 시간 간격으로 실행[4]

---

[4] 실행 옆의 입력상자에 시간 간격을 초단위로 입력할 수 있다.

CHAPTER 3

# 수학 문서 작성

지오지브라에서 기하 도형이나 그래프를 작성한 후 문서에 포함시킬 수 있다. 이 장에서는 지오지브라 그림을 문서에 포함시키는 방법에 대하여 알아보자. 우선 지오지브라에서 그림 3.1과 같이 삼각형의 내심과 내접원을 작도하였다고 가정해 보자.

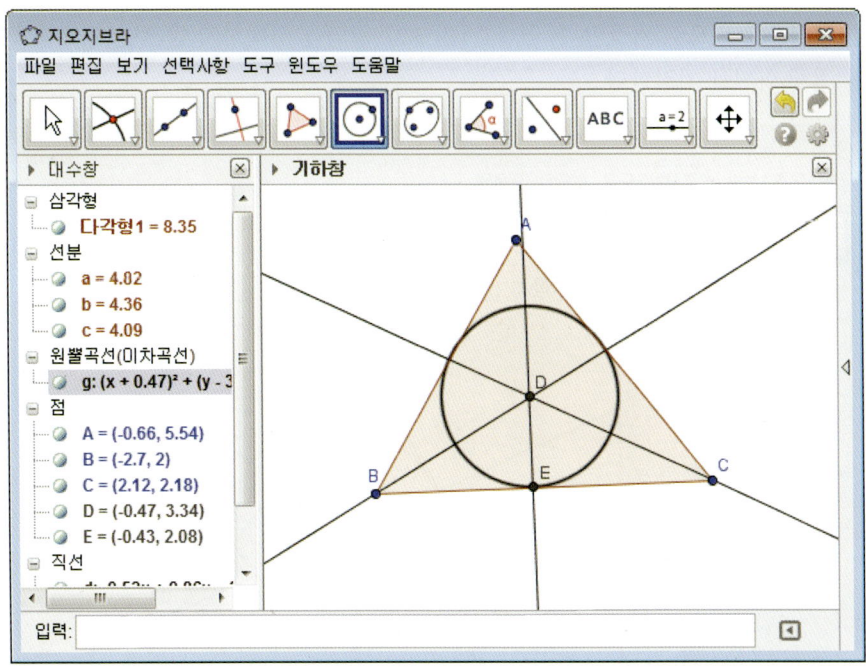

그림 3.1: 삼각형의 내심과 내접원 작도

## 3.1 기하창을 그림으로 내보내기

**내보내기 메뉴**

지오지브라의 기하창을 그림의 형태로 내보내려면 메뉴에서 파일 – 내보내기를 선택한다. 다음은 내보내기 메뉴의 하위 메뉴에 대한 설명이다.

① 기하창을 그림으로 저장 (png, eps)... : 기하창의 선택 영역을 그림 파일로 저장

② 기하창을 움직이는 GIF로 저장... : 애니메이션이 있는 지오지브라 파일을 움직이는 GIF 그림으로 저장

③ 기하창을 클립보드로 복사 : 기하창 선택 영역을 클립보드에 저장

**그림 저장 범위**

마우스 오른쪽 드래그 하여 기하창의 일부를 선택한 후 내보내기 메뉴를 클릭 하면 선택한 영역을 그림으로 저장할 수 있다(그림 3.2). 영역을 선택하지 않으면 지오지브라는 기하창 전체 화면을 저장한다.

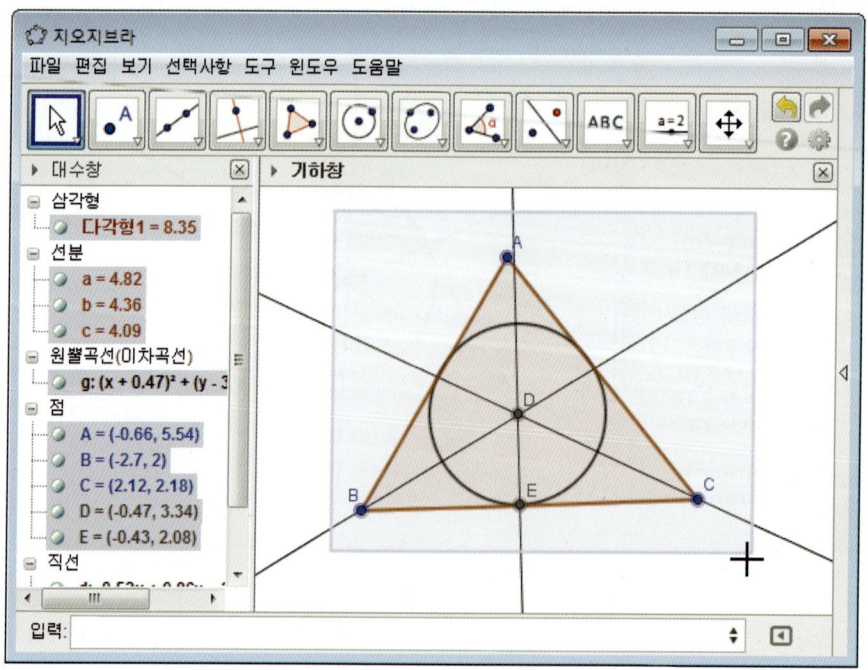

그림 3.2: 마우스로 기하창에서 영역을 선택한 모습

## 3.2 기하창 그림을 한글(HWP)에 삽입하기

지오지브라의 기하창 그림을 한글(HWP)에 삽입하는 방법을 알아보자.

① 편집 – 기하창을 클립보드로 복사를 선택하면 클립보드에 기하창 그림이 저장된다.

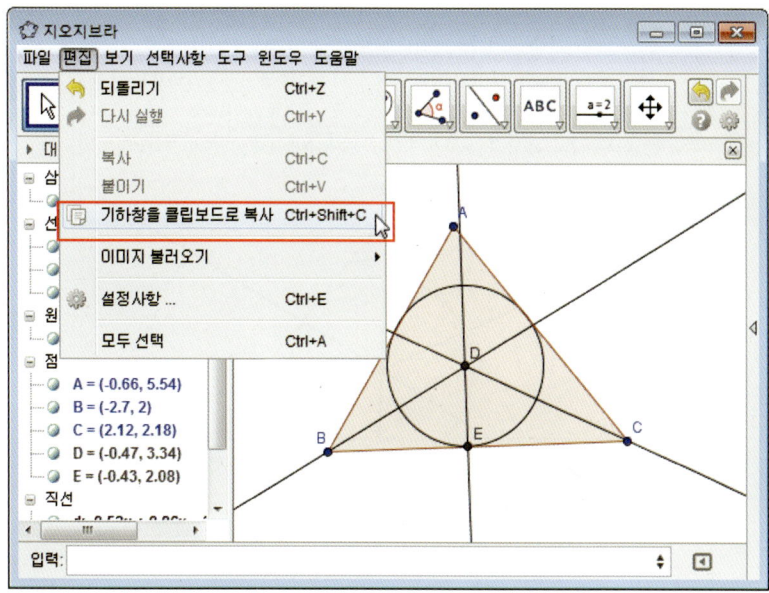

② 한글(HWP)을 실행한다.

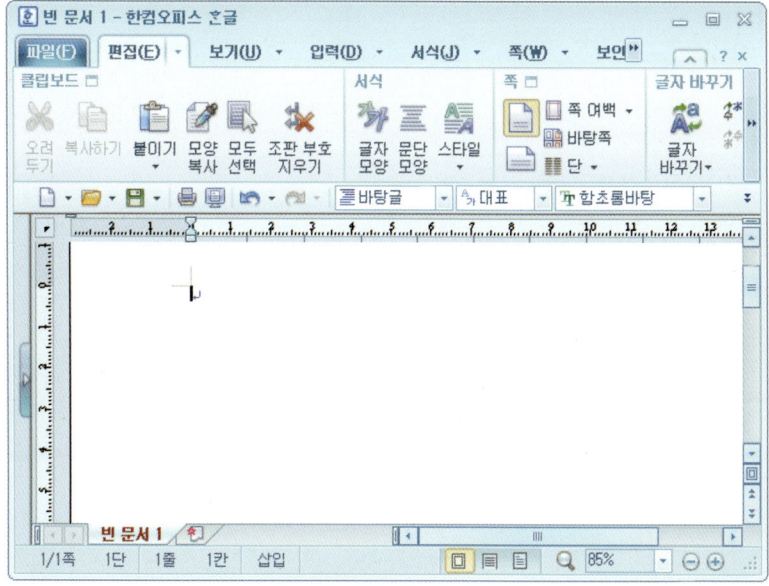

③ Ctrl + V 를 누르거나 마우스 오른쪽 버튼을 클릭한 후 붙이기를 선택하면 기하창 그림이 문서에 삽입된다.

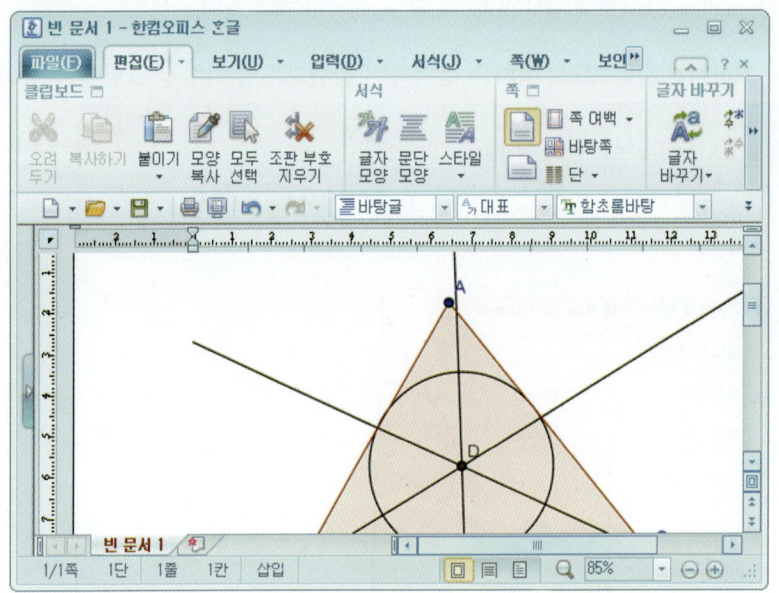

## 3.3 도형 장식하기

**도형 장식 예제 1**

삼각형의 내심과 내접원을 작도하고 다음 조건에 따라 도형을 장식하시오.
 (1) 삼각형의 색상은 검정, 내부는 빗금으로 채운다.
 (2) 내접원은 흰색이며 반지름을 선분으로 표시한다.
 (3) 각의 이등분선과 수직선은 보이지 않게 한다.
 (4) 삼각형의 꼭짓점은 보이지 않게 하고 내접원의 중심과 접점은 이름만 보이지 않도록 한다.

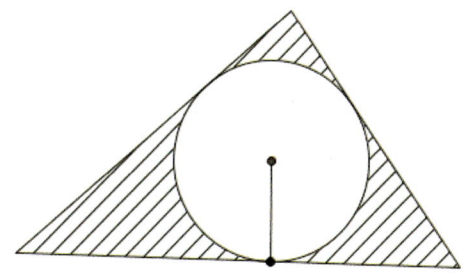

그림 3.3: 도형 장식 예제 1의 결과물

다음은 그림 3.3을 얻기 위해 도형을 장식하는 과정이다.

1 오른쪽 상단의 톱니바퀴를 클릭 한 후 대상을 선택한다.

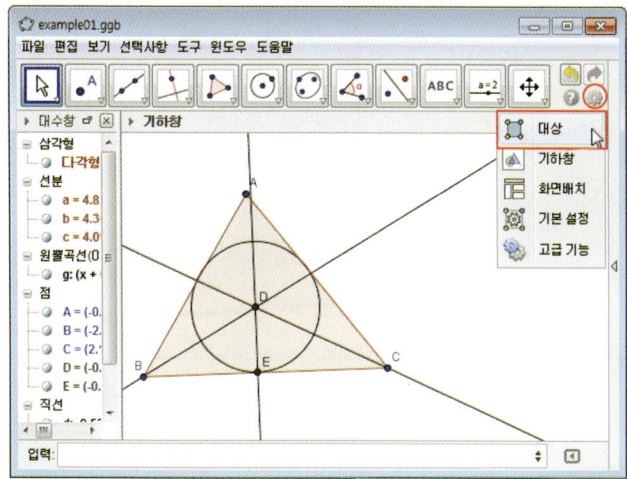

② 설정사항 대화상자가 나타나면 화면 오른쪽 상단의 현재 창에서 화면 보이기 버튼을 클릭한다.

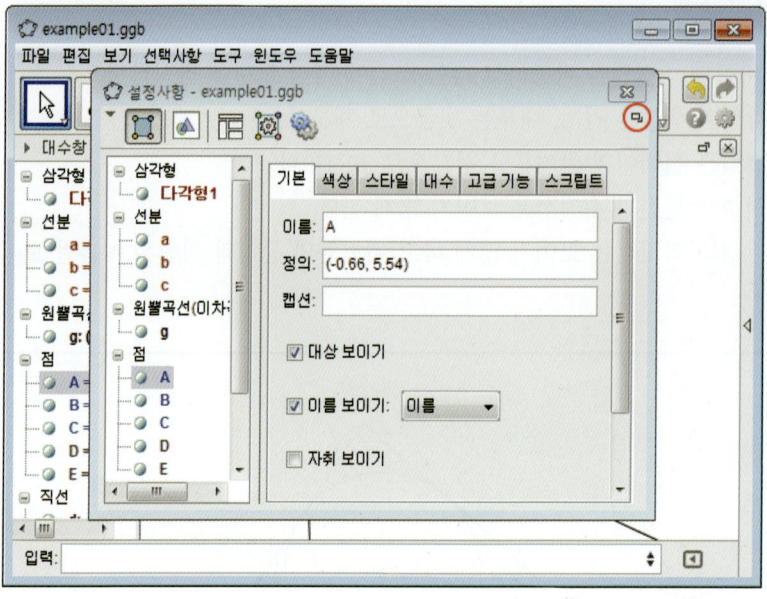

③ 설정사항 대화상자가 실행화면에 함께 나타난다.

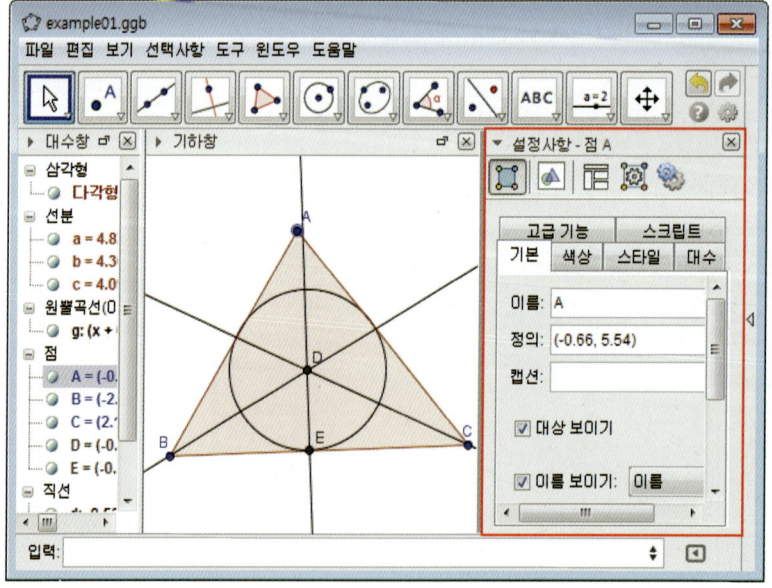

3.3 도형 장식하기

④ 대수창에서 다각형1을 클릭한 후 설정사항 창의 **색상** 탭을 선택하여 검정을 선택한다.

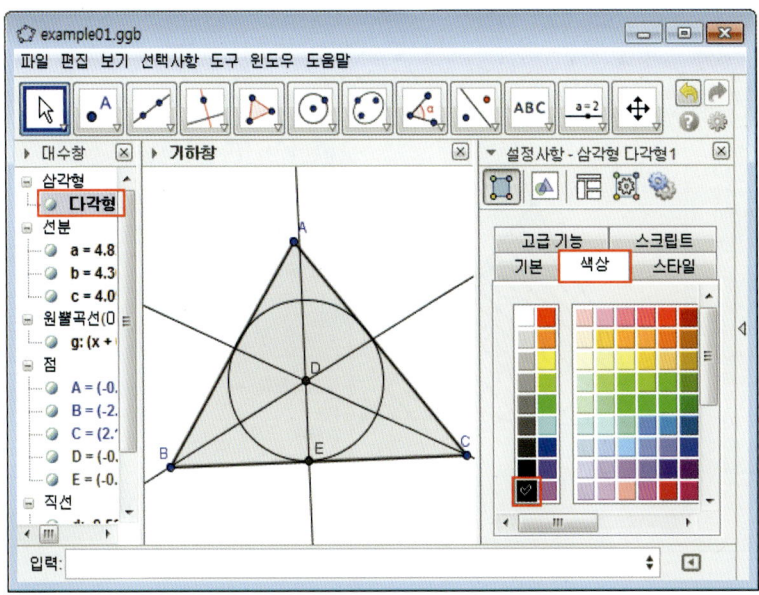

⑤ 스타일 탭에서 채움을 빗금으로 선택하면 삼각형의 내부가 빗금으로 채워진다.

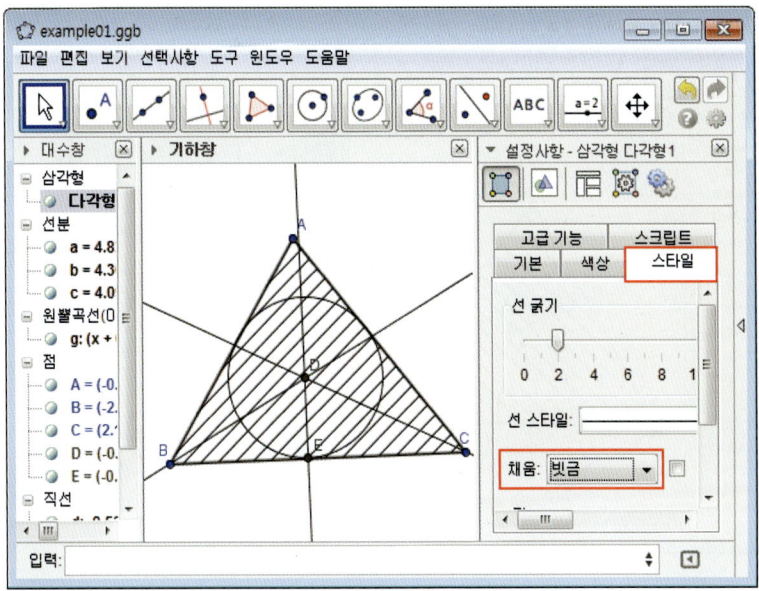

37

⑥ 대수창에서 직선의 보이기 버튼◉을 클릭🖱하여 직선이 보이지 않도록 한다.

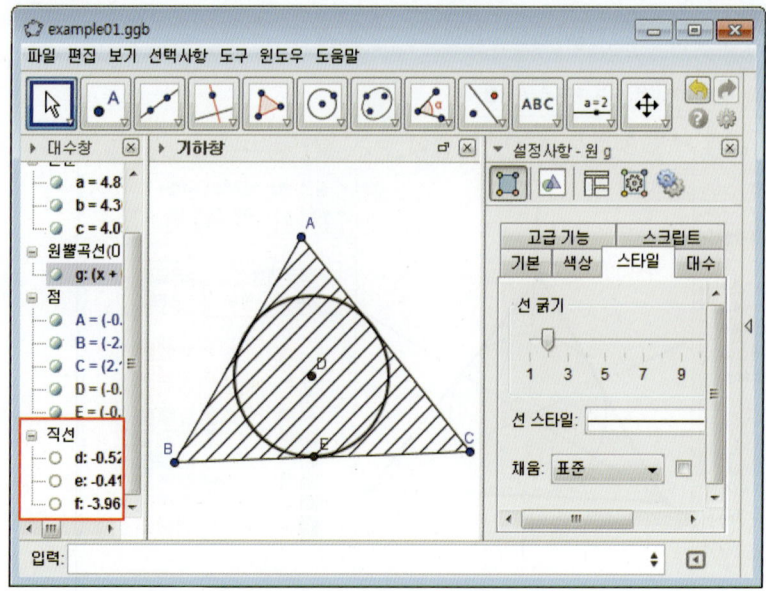

⑦ 대수창에서 원(g)을 클릭🖱한 후 설정사항 창의 색상 탭에서 흰색을 선택한다.[1]

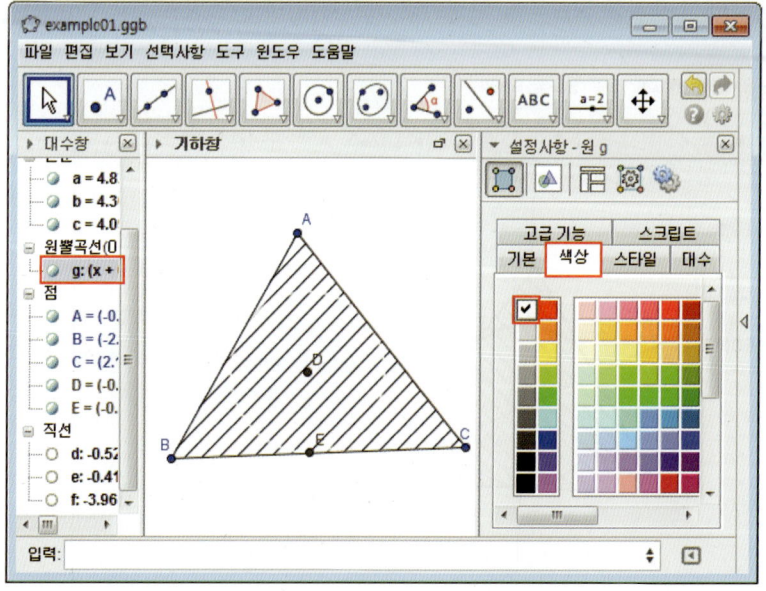

---

[1] 원이 흰색으로 변한 것을 볼 수 있다.

⑧ 색상 탭의 **불투명도**를 100으로 하면 원의 내부가 흰색으로 채워진다.

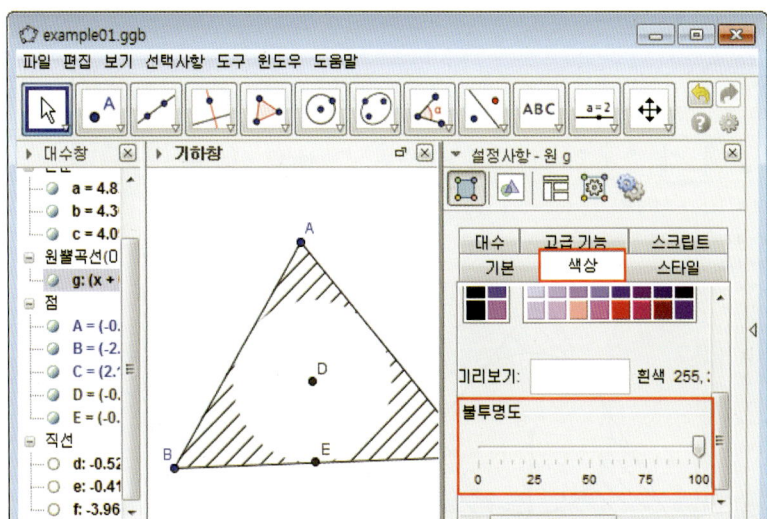

⑨ 중심이 있고, 한 점을 지나는 원 도구를 선택한 후 점 D, 점 E를 차례로 클릭하면 색이 검정인 원이 나타난다.

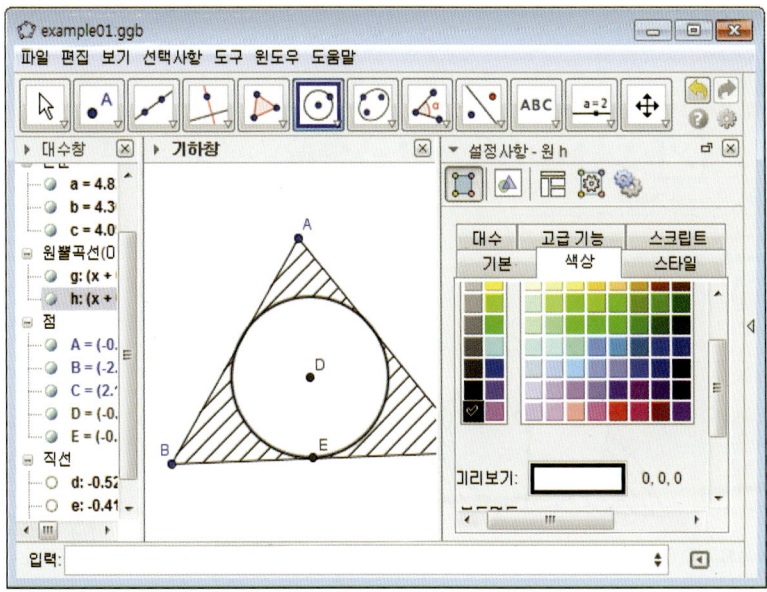

⑩ 선분 도구를 선택한 후 점 D, 점 E를 차례로 클릭 하면 원의 반지름이 나타난다.

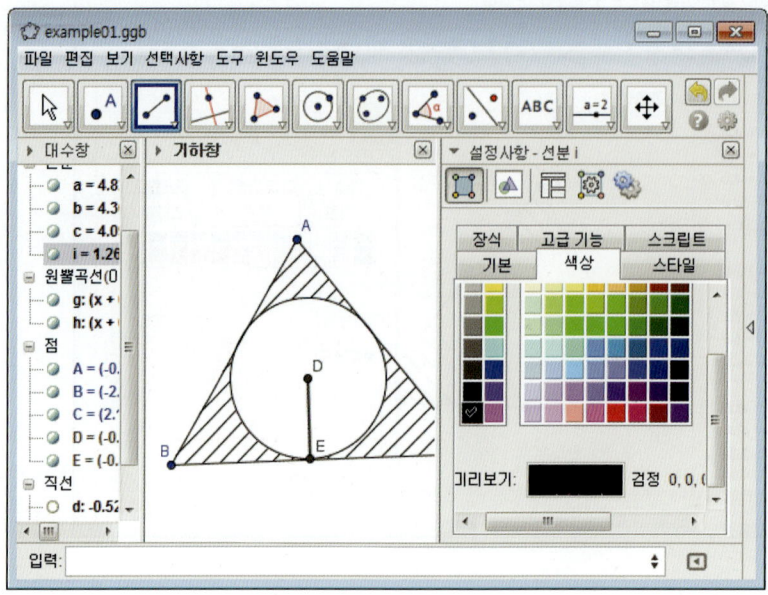

⑪ 대수창에서 점 A, 점 B, 점 C의 보이기 버튼 을 클릭 하여 세 점이 보이지 않도록 한다.

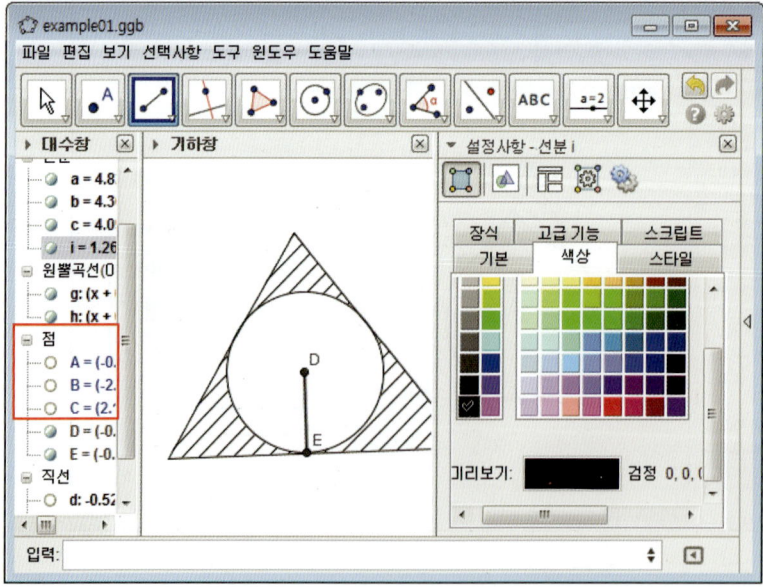

3.3 도형 장식하기

12 점 D, 점 E 위에서 마우스 오른쪽 버튼을 클릭  한 후 이름 보이기를 해제한다.

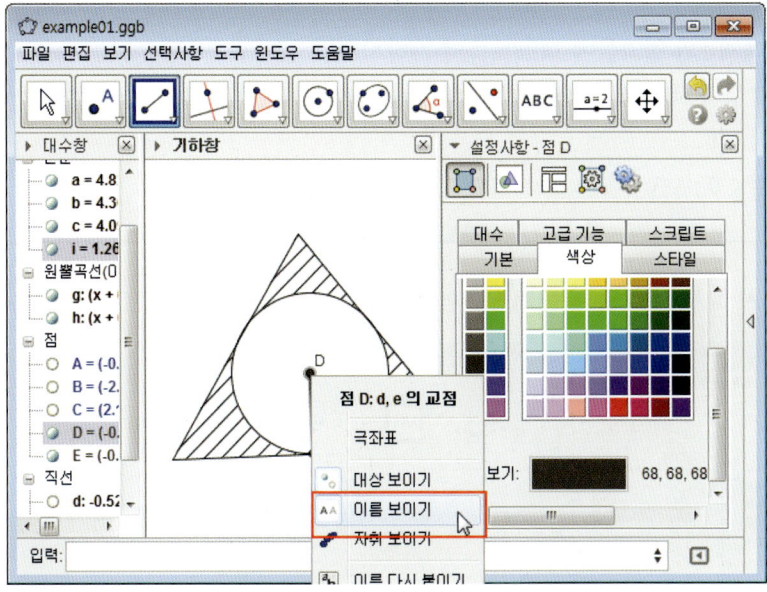

13 조건에 맞는 그림이 완성되었다.

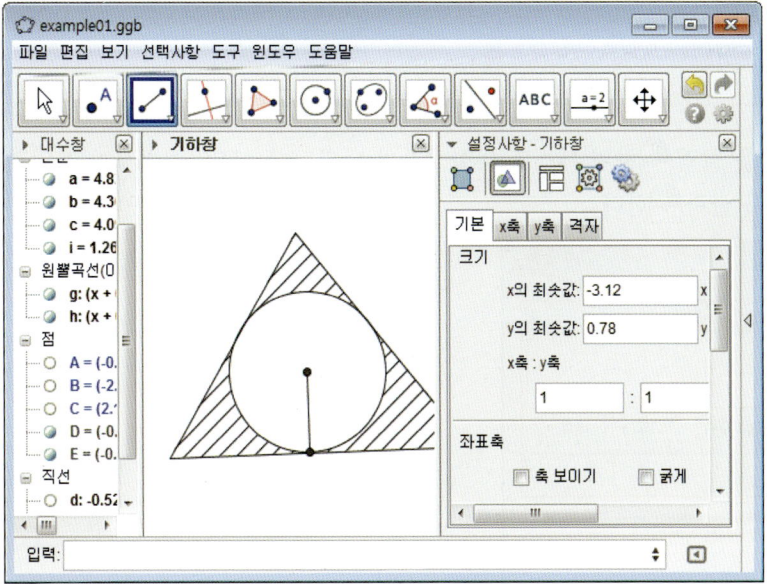

41

제3장 수학 문서 작성

**도형 장식 예제 2**

도형 장식 예제 1의 결과물에 텍스트를 추가하시오.
  (1) 삼각형의 세 꼭짓점 : A, B, C
  (2) 내심 : I
  (3) 접점 : D

① 도형 장식 예제 1의 결과물에서 텍스트 ABC 도구를 선택한다.

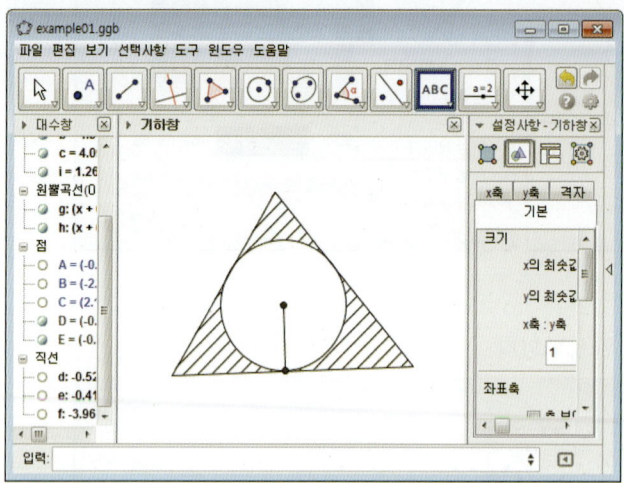

② 기하창을 클릭 하면 텍스트 대화상자가 나타난다. 편집 창에 A라고 입력한 후 확인 을 클릭 한다.

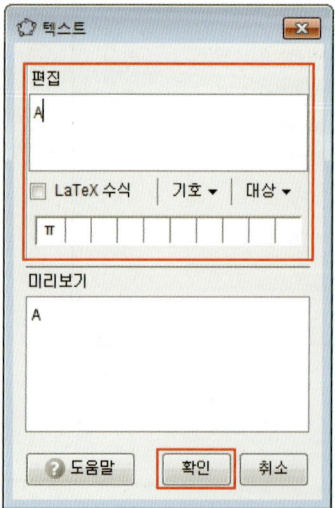

42

③ 기하창에 텍스트 A가 나타난다.

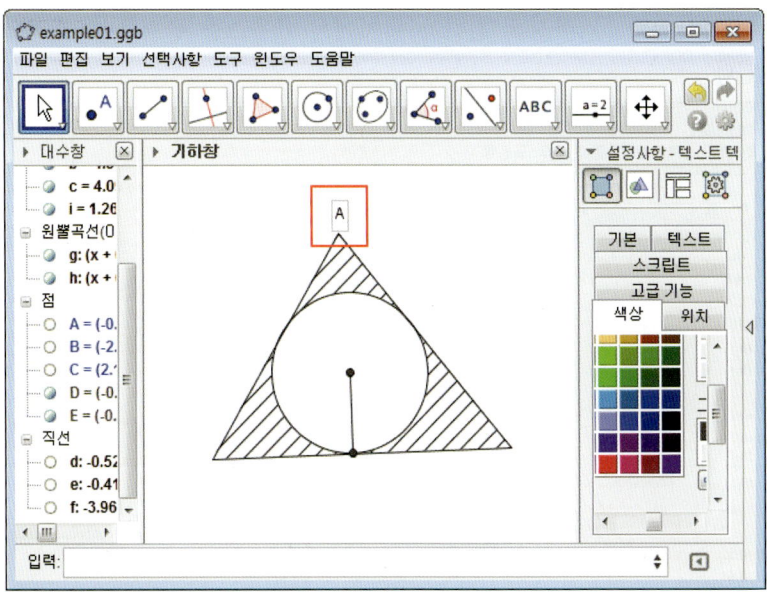

④ 설정사항 창의 텍스트 탭에서 글꼴은 명조, 글꼴 크기는 크게를 선택한 후 확인 을 클릭한다.

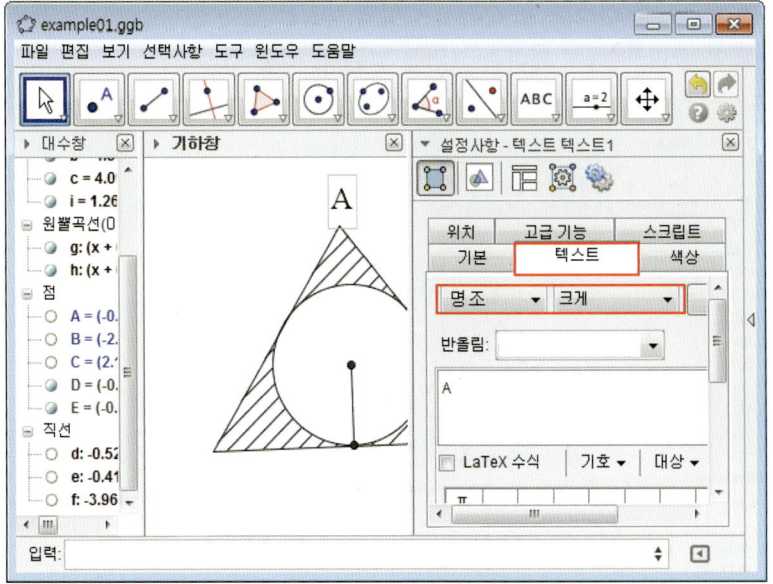

⑤ 텍스트 A를 마우스로 클릭한 후 Ctrl + C 를 누르고 Ctrl + V 를 누르면 텍스트가 복사된다. 기하창의 원하는 위치에서 마우스를 클릭하여 텍스트를 위치시킨다.

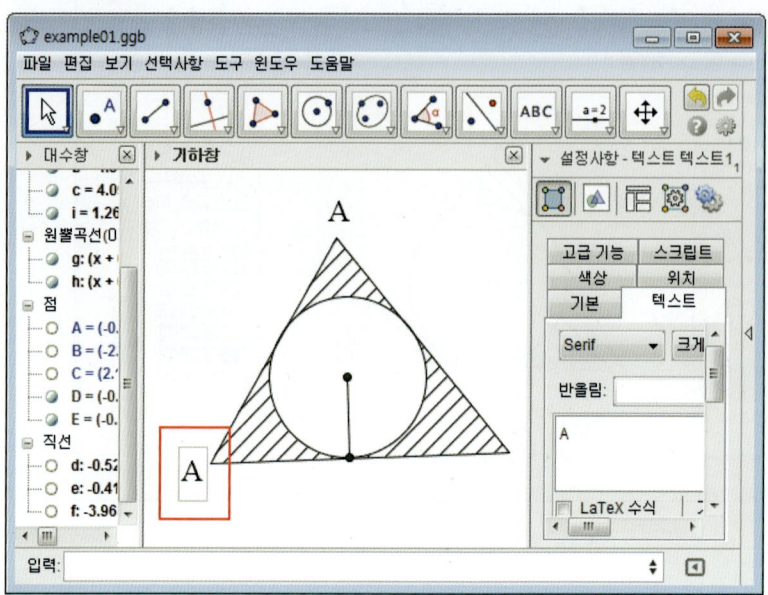

⑥ 마우스로 텍스트를 선택한 후 설정사항 창의 텍스트 탭에 원하는 텍스트를 입력한 후 확인 을 클릭하여 원하는 그림을 얻는다.

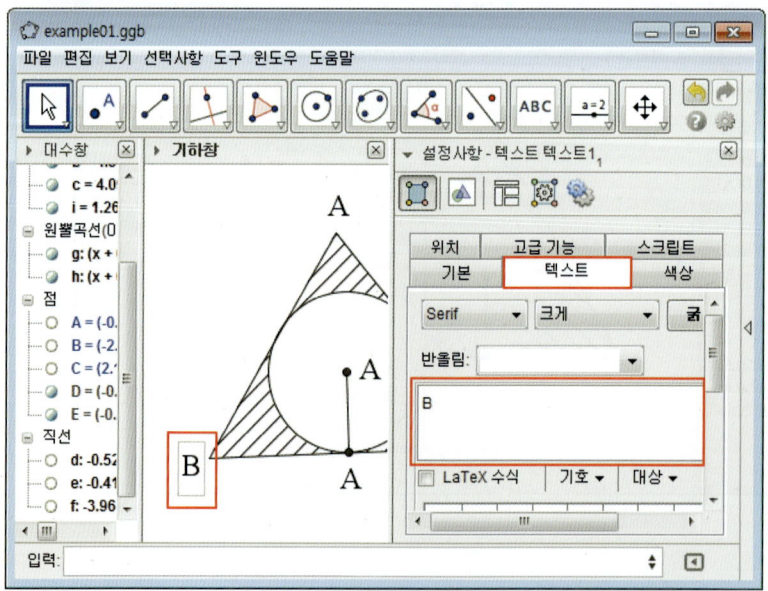

3.3 도형 장식하기

도형 장식 예제 3

도형 장식 예제 2에서 선분 ID의 길이를 1 cm로 표시하시오.

① 세 점을 지나는 원호 도구를 선택한다.

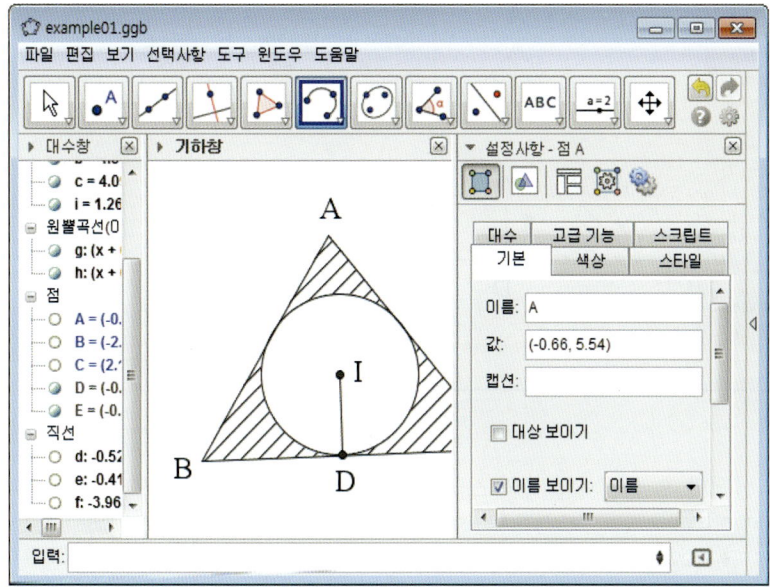

② 점 I, 기하창, 점 D를 클릭 하면 원호가 나타난다.

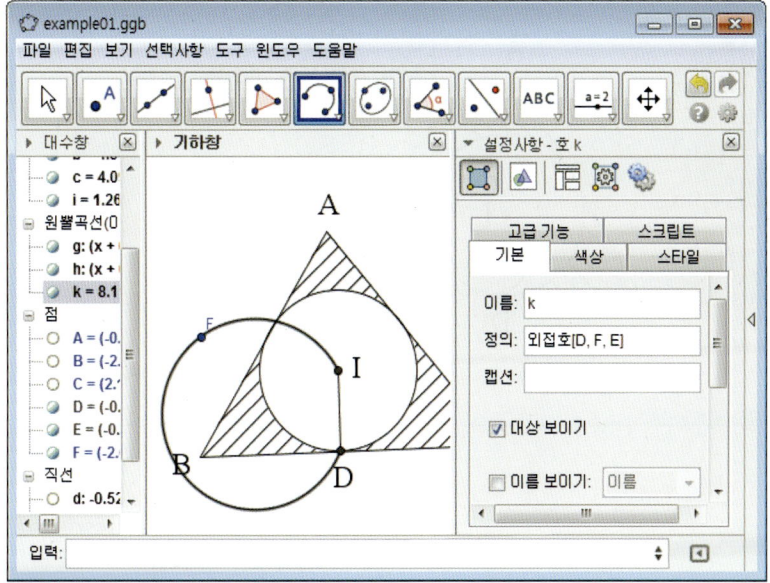

45

③ 이동 도구를 선택한 후 점 F를 적당한 위치로 마우스 오른쪽 드래그 한다.

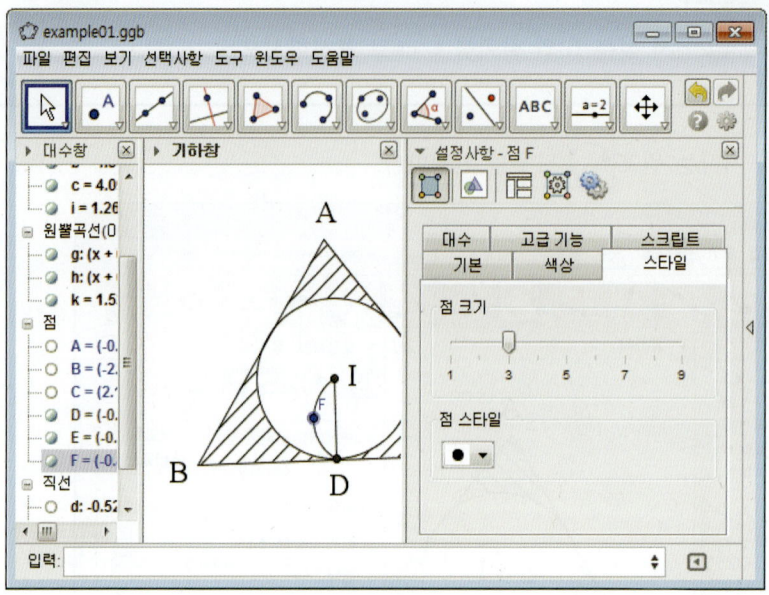

④ 원호를 선택한 후 설정사항 창의 스타일 탭에서 선 스타일을 점선으로 선택한다.

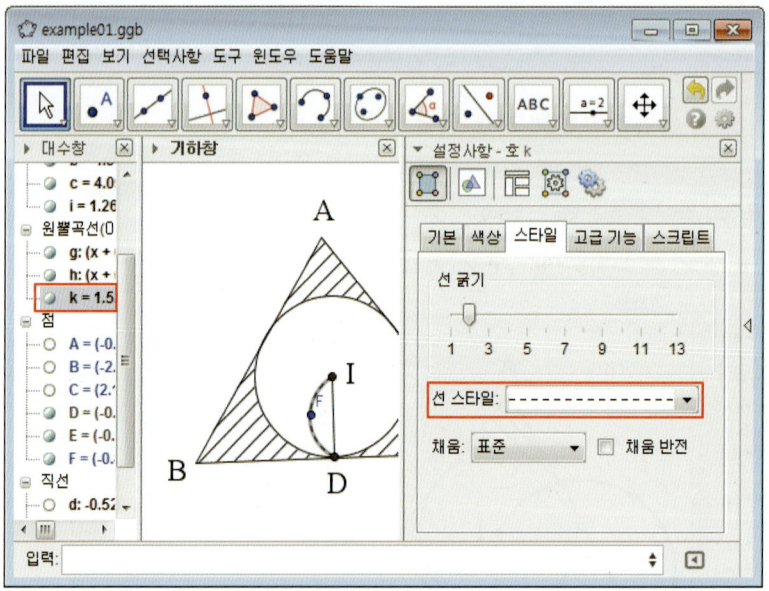

3.3 도형 장식하기

5 텍스트 ABC 도구를 선택한 후 기하창을 클릭 하면 텍스트 대화상자가 나타난다. 편집 창에 1 cm라고 입력한 후 확인 을 클릭 한다.

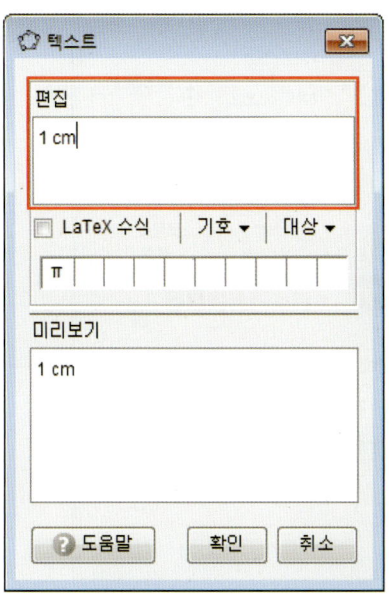

6 기하창에 나타난 텍스트 1 cm를 원호 위에 옮겨 놓는다.

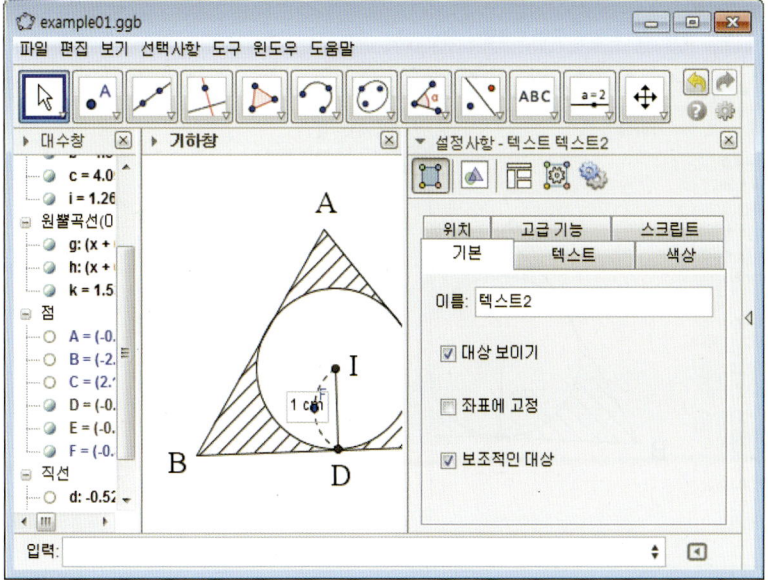

47

제3장 수학 문서 작성

⑦ 텍스트 1 cm를 선택한 후 설정사항 창의 색상 탭에서 배경색을 클릭하고 흰색을 선택한다.

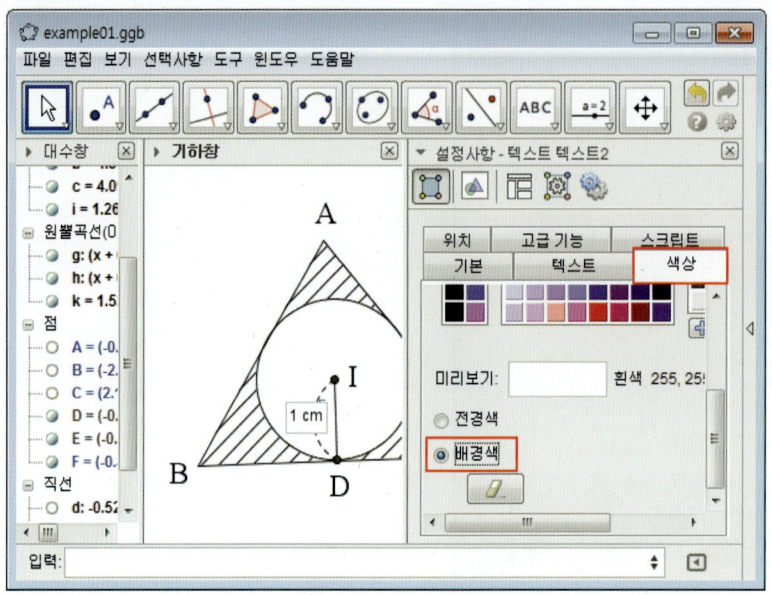

⑧ 조건에 맞는 그림이 완성되었다.

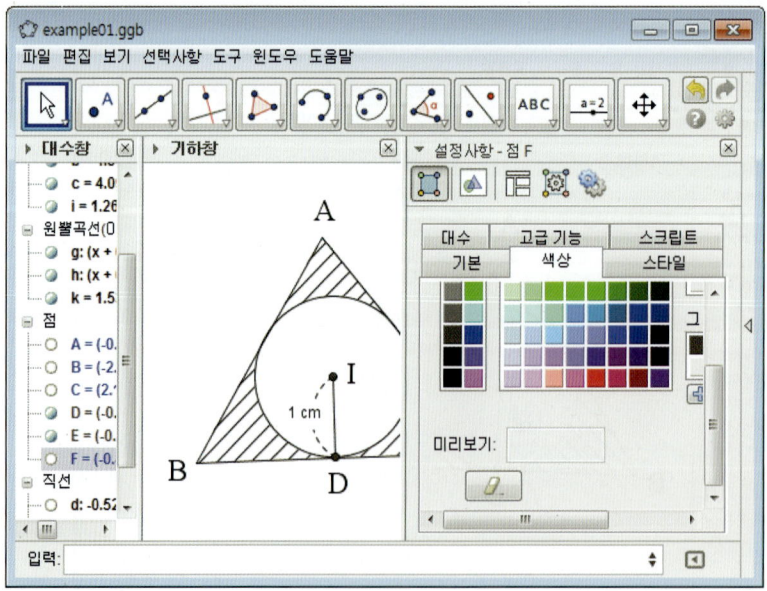

48

지오지브라와 함께 하는 스마트수학

CHAPTER 4

# 그래프와 곡선

지오지브라의 입력창에 수식이나 명령을 입력하여 다양한 그래프와 곡선을 그릴 수 있다. 이 장에서는 학교 수학을 다루는 데 필요한 **그래프와 곡선**을 그리는 방법에 대하여 알아보자.

## 4.1 점

지오지브라의 기하창에 **점**을 정의하려면 입력창에 다음과 같이 입력한다.

① 점 ( 1 , 2 )

```
( 1 , 2 )
```

② 복소수점 1 + 2i

```
1 + 2 i
```

## 4.2 함수의 그래프

지오지브라에서 $y = f(x)$ 형태의 **함수**의 **그래프**를 그리려면 입력창에 수식을 입력한다. 예를 들어 함수 $y = 3x^2 + 2x + 1$의 그래프를 그리려면 입력창에 다음과 같이 입력한다.[1]

```
3 x^2 + 2 x + 1
```

---

[1] ^ 을 사용하여 거듭제곱을 표현한다. 키보드에서 Shift + 6 을 누르면 나타난다. 다른 방법으로 제곱을 표현할 수도 있다. Alt + 2 를 누르면 작은 글씨로 제곱이 표현된다.

## 제4장 그래프와 곡선

표 4.1을 참고하면 다양한 그래프와 곡선을 그릴 수 있다. 함수의 이름을 f(x)로 지정하려면 입력창에 다음과 같이 입력한다.[2]

```
f(x) = 3 x^2 + 2 x + 1
```

| 종류 | 수식 | 지오지브라 명령어 |
|---|---|---|
| 다항함수 | $3x^2 + 2x + 1$ | 3 x^2 + 2 x + 1 |
| 분수지수 | $x^{\frac{1}{2}}$ | x^(1/2) |
| 제곱근 | $\sqrt{x}$ | sqrt(x) |
| 세제곱근 | $\sqrt[3]{x}$ | cbrt(x) |
| n제곱근 | $\sqrt[5]{x}$ | nroot(x , 5)<br>n제곱근(x , 5) |
| 로그함수 | $\log_3 x$ | log(3 , x) |
| 자연로그 | $\ln x$ | ln(x)<br>log( e , x ) |
| 상용로그 | $\log_{10} x$ | lg(x)<br>log( 10 , x ) |
| 사인함수 | $\sin x$ | sin(x) |
| 코사인함수 | $\cos x$ | cos(x) |
| 탄젠트함수 | $\tan x$ | tan(x) |
| 절댓값 | $\mid x \mid$ | abs(x)<br>\| x \| |
| 가우스함수 | $[x](\lfloor x \rfloor)$ | floor(x) |

표 4.1: 지오지브라 내장 함수

---

[2]지오지브라에서 3 x^2 + 2 x + 1이나 f(x) = 3 x^2 + 2 x + 1을 입력하면 함수가 정의되고, y = 3 x^2 + 2 x + 1과 같이 입력하면 곡선이 정의된다. 함수는 다른 함수와 합성하는 것이 가능하지만 곡선은 다른 함수와 합성할 수 없다.

## 4.3 합성함수의 그래프

> **합성함수의 그래프**
>
> $f(x) = \sin x$, $g(x) = \frac{1}{x^2}$ 이 주어졌을 때 $f(g(x))$ 의 그래프를 그리시오.

- 주어진 함수의 그래프를 그리기 위해 지오지브라의 입력창에 다음과 같이 차례로 입력한다.

```
f(x) = sin(x)
g(x) = 1 / x^2
f(g(x))
```

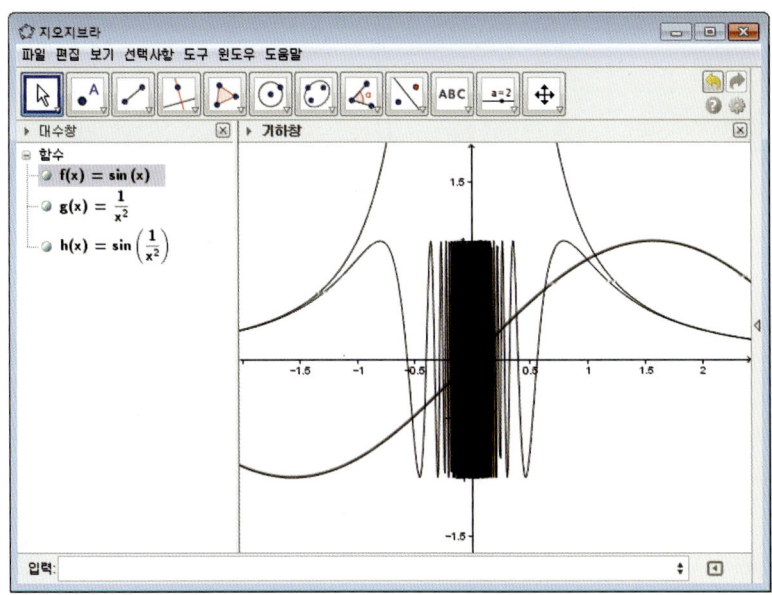

## 4.4 음함수 곡선

> **음함수 곡선**
>
> $x^5 y^3 + 1 + xy = 0$이 나타내는 곡선을 그리시오.

- 주어진 음함수 곡선을 그리기 위해 지오지브라의 입력창에 다음과 같이 입력한다.

```
x^5 y^3 + 1 + x y = 0
```

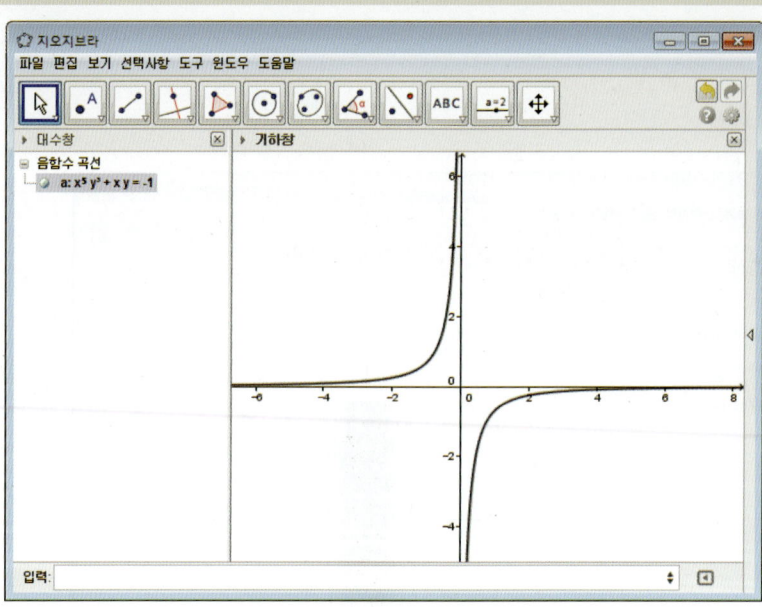

## 4.5 매개변수 방정식의 곡선

> **매개변수 방정식의 곡선**
>
> $x(t) = t^2 + 2t + 1$, $y(t) = 2t - 1$이 나타내는 곡선을 그리시오.

- 주어진 곡선을 그리기 위해 지오지브라의 입력창에 다음과 같이 입력한다.[3]

곡선[ t^2 + 2 t + 1 , 2 t - 1 , t , 0 , 1 ]

( t^2 + 2 t + 1 , 2t - 1 )

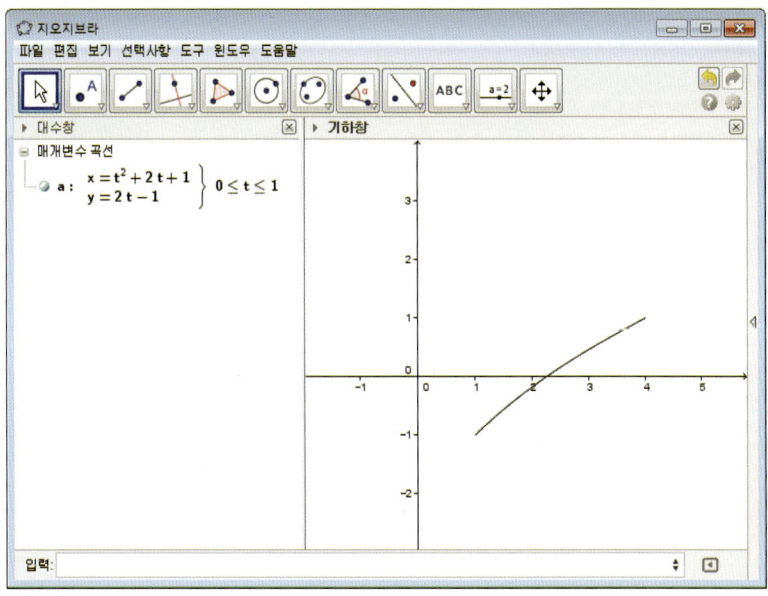

---

[3]곡선[ x의 관계식 , y의 관계식 , 매개변수 , 변수의 시작값 , 변수의 끝값 ]

## 4.6 조건이 있는 함수의 그래프

**조건이 있는 함수의 그래프**

다음 그래프를 그리시오.

$$f(x) = \begin{cases} x^2 & (x > 1) \\ -2x + 3 & (x \leq 1) \end{cases}$$

- 주어진 곡선을 그리기 위해 지오지브라의 입력창에 다음과 같이 입력한다.[4]

```
조건[ x > 1 , x^2 , x <= 1 , -2 x + 3 ]
```

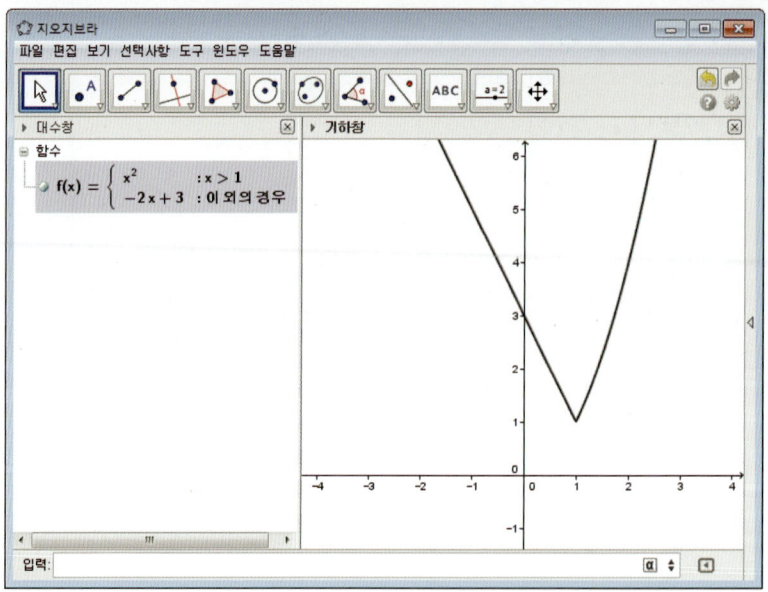

---

[4]조건[ 조건 1 , 조건 1이 성립할 때 생성할 대상 , 조건 2 , 조건 2가 성립할 때 생성할 대상 , ... ]

$$f(x) = \begin{cases} x^2 & (x > 1) \\ -2x + 3 & (-1 < x \leq 1) \\ x + 6 & (x \leq -1) \end{cases}$$

의 그래프는 입력창에

```
조건[ x > 1 , x^2 , -1 < x <= 1 , -2 x + 3 , x <= -1 , x + 6 ]
```

을 입력하여 그릴 수 있다.

## 4.7 조건이 있는 함수의 그래프(수학 문서 작성)

> **조건이 있는 함수의 그래프(수학 문서 작성)**
>
> 불연속 함수 $f(x) = \begin{cases} x^2 & (x > 1) \\ -2x + 2 & (x \leq 1) \end{cases}$ 의 그래프에 **불연속점**을 표시하시오.

1. 함수는 기하창에 그려져 있다고 가정하자. 불연속점을 표시하기 위해 입력창에 다음과 같이 입력한다.[5]

```
A = ( 1 , f( 1 ) )
B = ( 1 , 1 )
```

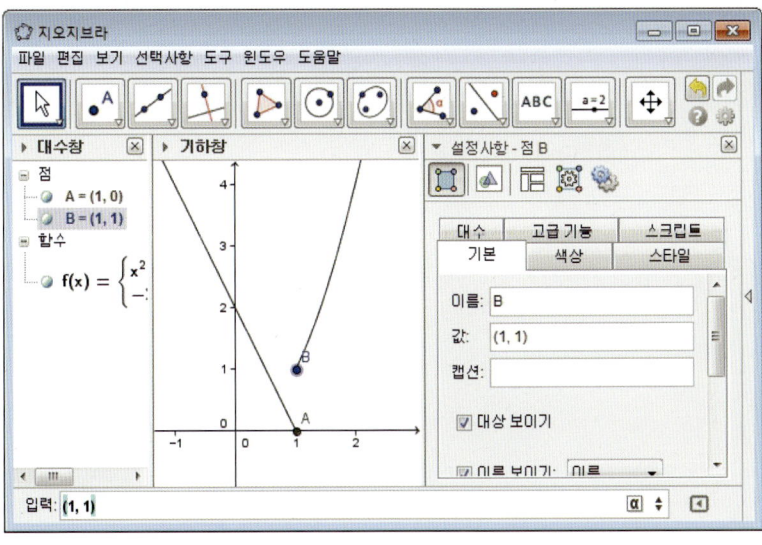

---

[5] $x = 1$ 일 때의 함숫값은 0 이므로 점 ( 1 , 1 ) 은 별도로 만들어야 한다.

② 점 B를 선택한 후 설정사항 창의 색상 탭에서 흰색을 선택하면 불연속점[6]이 표시된다.

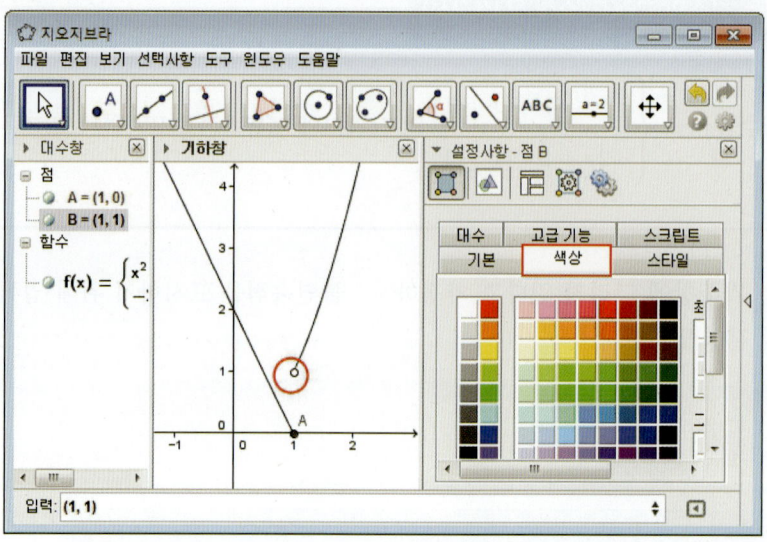

---

[6]우리나라에서는 일반적으로 포함되지 않은 점을 검은 테두리의 흰색 점으로 표시한다. 이는 검은 테두리의 흰색 점이 비어있는 이미지를 주기 때문이다. 지오지브라의 점은 기본적으로 검은 테두리를 갖고 있기 때문에 점의 색상만 흰색으로 바꾸면 된다.

# CHAPTER 5

# 부등식의 영역

지오비브라의 입력창에 부등식이나 명령어를 입력하여 **부등식의 영역**을 그릴 수 있다. 이 장에서는 **부등식의 영역**을 그리는 방법에 대하여 알아보자.

## 5.1 경계선이 $y = f(x)$인 경우

> **부등식의 영역 예제 1**
>
> $y > 3x^2 + 2x + 1$의 **부등식의 영역**을 나타내시오.

- 주어진 부등식의 영역을 그리기 위해 지오지브라의 입력창에 다음과 같이 입력한다.

```
y > 3 x^2 + 2 x + 1
```

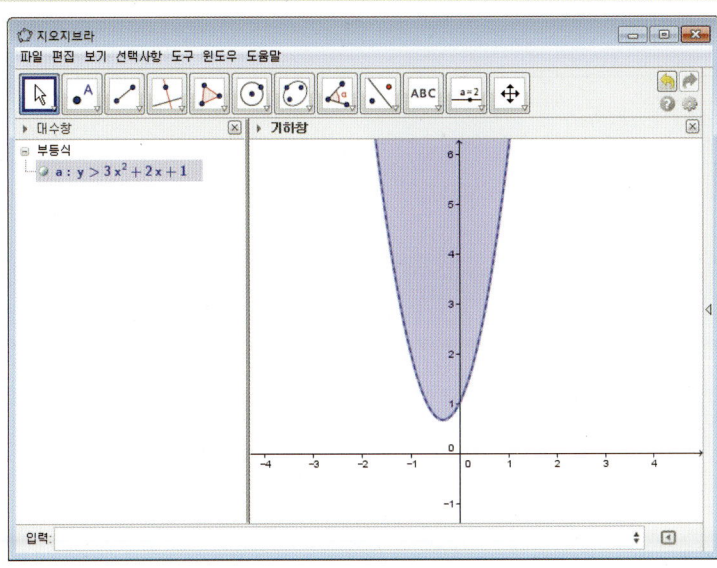

## 5.2 경계선이 $f(x,y) = c$인 경우

> **부등식의 영역 예제 2**
>
> $\frac{x^2}{2} + \frac{y^2}{3} < 1$의 부등식의 영역을 나타내시오.

- 주어진 부등식의 영역을 그리기 위해 지오지브라의 입력창에 다음과 같이 입력한다.

```
x^2 / 2 + y^2 / 3 < 1
```

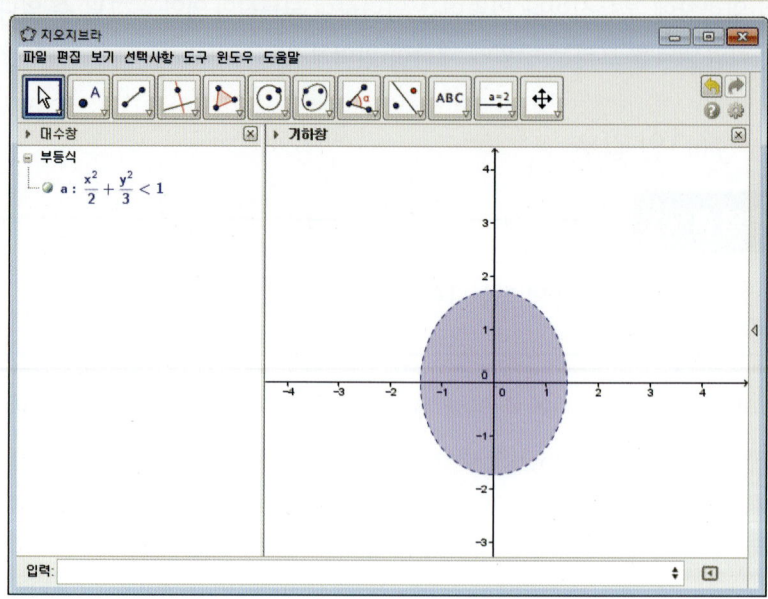

## 5.3 교집합과 합집합

> **부등식의 영역 예제 3**
>
> $y > 3x^2 + 2x + 1$ 이고 $x^2 + y^2 < 4$인 부등식의 영역을 나타내시오.

- 주어진 부등식의 영역을 그리기 위해 지오지브라의 입력창에 다음과 같이 차례로 입력한다.[1]

```
a : y > 3 x^2 + 2 x + 1
b : x^2 + y^2 < 4
a && b
```

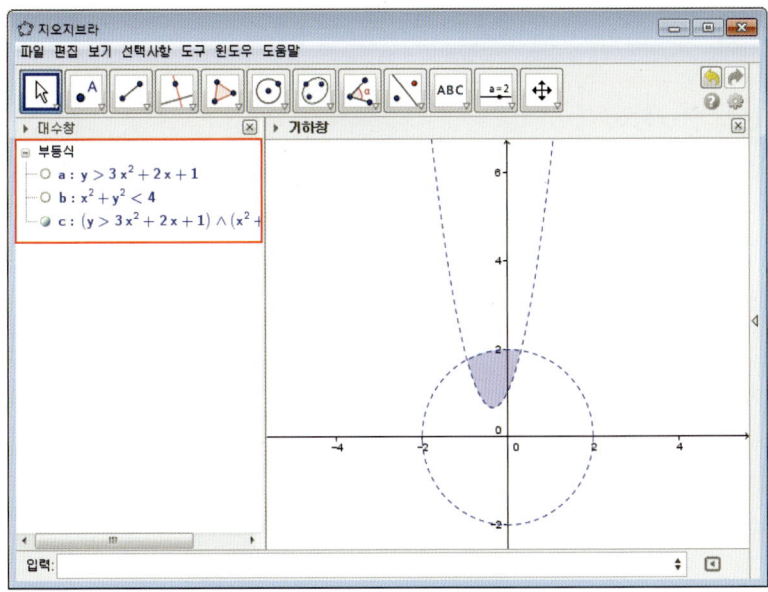

---

[1] 부등식의 영역 a 와 b 의 보이기 버튼◉ 을 클릭하여 보이지 않게 해야 **교집합**이 만들어진 것을 확인할 수 있다.

### 부등식의 영역 예제 4

$y > 3x^2 + 2x + 1$ 또는 $x^2 + y^2 < 4$인 부등식의 영역을 나타내시오.

- 주어진 부등식의 영역을 그리기 위해 지오지브라의 입력창에 다음과 같이 차례로 입력한다.[2]

```
a : y > 3 x^2 + 2 x + 1
b : x^2 + y^2 < 4
a || b
```

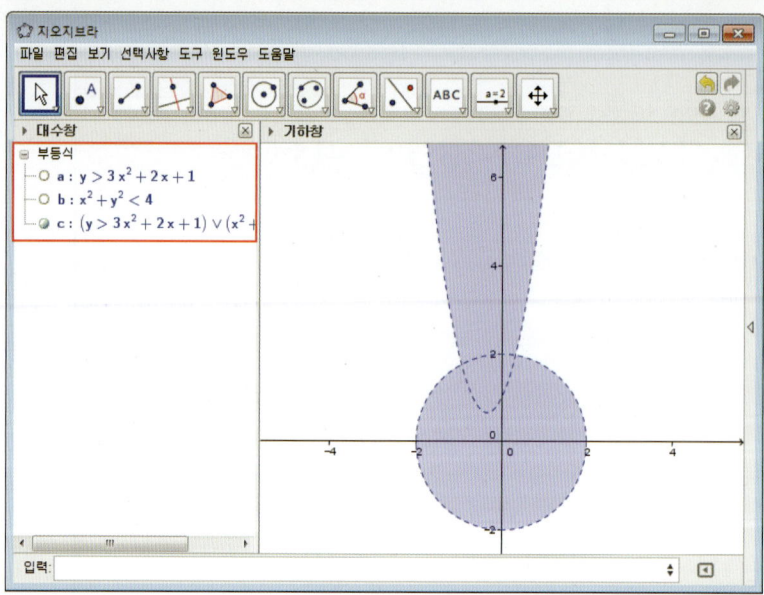

---

[2]부등식의 영역 a 와 b 의 보이기 버튼 ◉ 을 클릭 🖱 하여 보이지 않게 해야 **합집합**이 만들어진 것을 확인할 수 있다.

# CHAPTER 6

# 슬라이더와 애니메이션

지오지브라에서는 슬라이더 도구를 이용하여 변수를 나타낸다. 이 장에서는 슬라이더의 이용방법과 이를 이용하여 그래프의 변화나 애니메이션을 만드는 방법에 대하여 알아보자.

## 6.1 슬라이더

도구상자에서 슬라이더 도구를 선택한 후 기하창을 클릭하면 슬라이더 대화상자가 나타난다. 슬라이더 대화상자에서 슬라이더에 대한 자세한 설정을 할 수 있다.

① 구간 탭 : 최솟값, 최댓값, 증가분을 설정

② 슬라이더 탭 : 고정 여부, 수평 또는 수직 여부, 폭을 설정

③ 애니메이션 탭 : 애니메이션 속도, 반복 방법을 설정

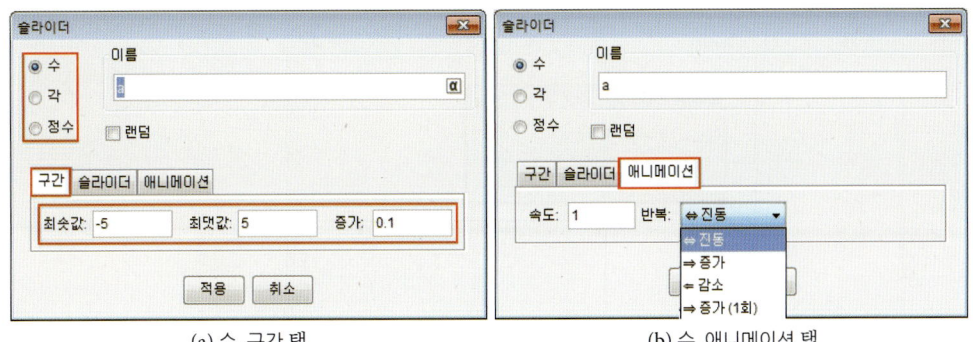

(a) 수, 구간 탭  (b) 수, 애니메이션 탭

그림 6.1: 슬라이더 대화상자

## 6.2 애니메이션 예제

**애니메이션 예제 1**

$a \in [-5, 5]$ 일 때 점 $(a+1, a^2)$의 위치가 변하는 애니메이션을 만드시오.

① 지오지브라의 입력창에 다음과 같이 입력한 후 엔터키 ⏎ 를 누른다.

```
( a + 1 , a^2 )
```

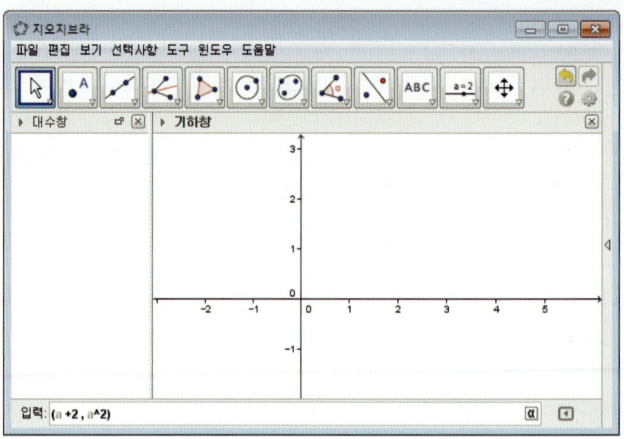

② 슬라이더 만들기 대화상자가 자동으로 나타난다.[1] 슬라이더 만들기 를 클릭 🖱하면 슬라이더가 만들어진다.

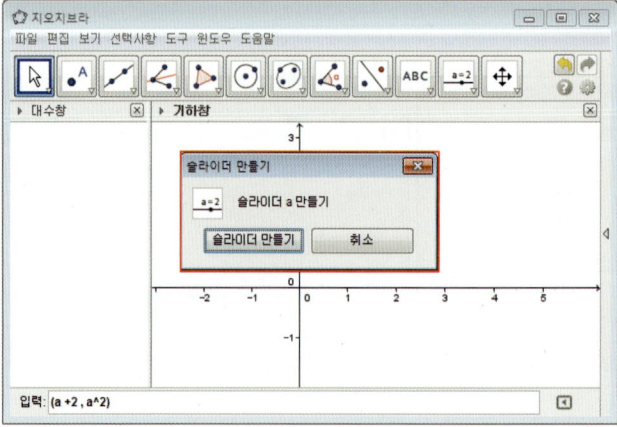

---
[1] 지오지브라는 입력된 수식에서 매개변수를 자동으로 감지하여 슬라이더로 만들어준다.

③ 점 위에서 마우스 오른쪽 버튼을 클릭하여 자취 보이기를 선택하면 점의 자취를 남길 수 있다.

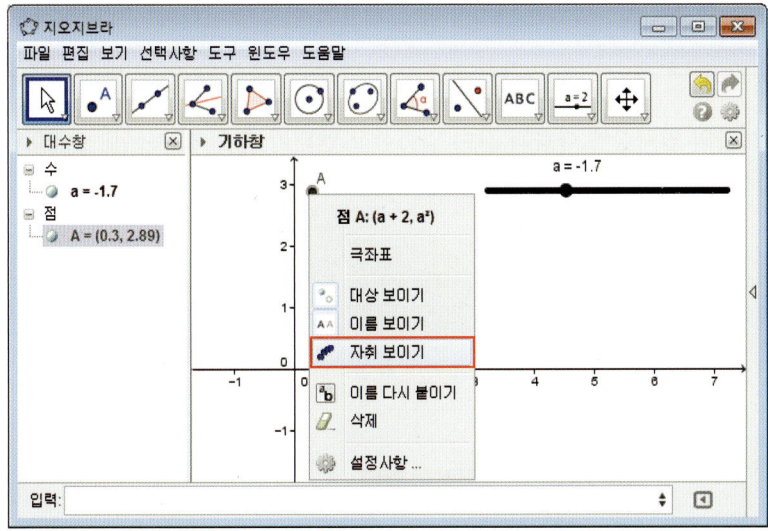

④ 슬라이더 a 위에서 마우스 오른쪽 버튼을 클릭하여 애니메이션 시작을 선택하면 애니메이션을 만들 수 있다.

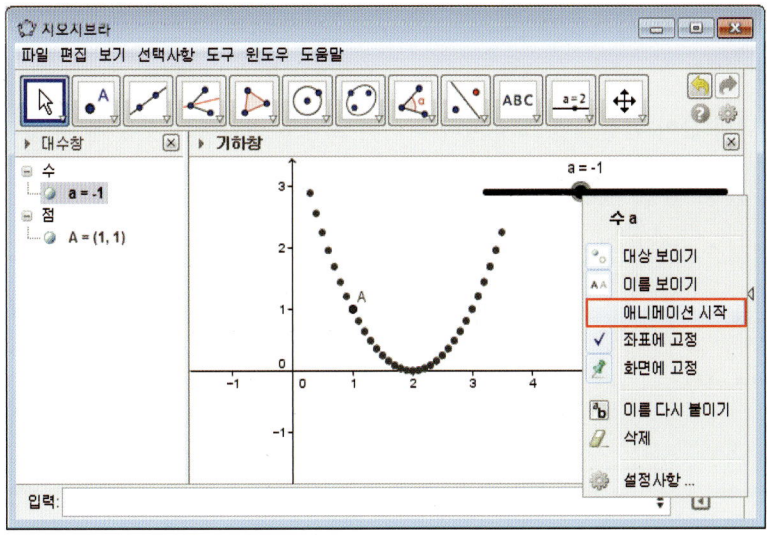

제6장 슬라이더와 애니메이션

**애니메이션 예제 2**

$f(x) = ax+b$의 **계수**인 $a$와 $b$가 변화할 때 그래프가 어떻게 변화하는지 관찰하시오.

① 지오지브라의 입력창에 다음과 같이 입력하고 엔터키 ⏎ 를 누르면 슬라이더 만들기 대화상자가 나타난다. 슬라이더 만들기 를 클릭 한다.

```
a x + b
```

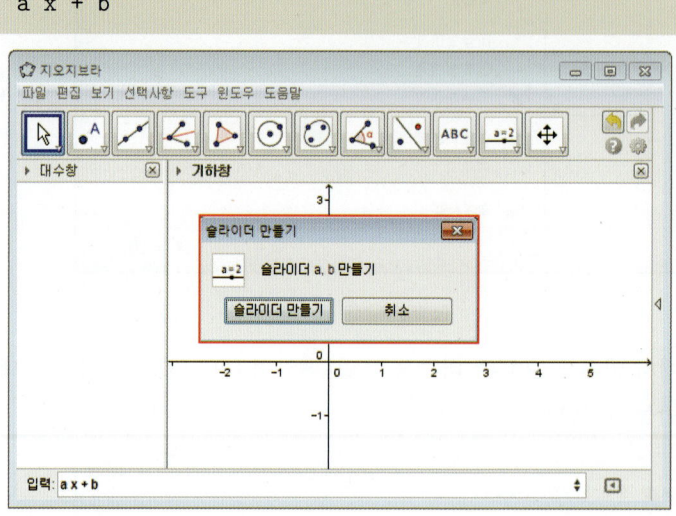

② 슬라이더의 값이 변경되면 그에 따라 직선의 모양도 변화하는 것을 볼 수 있다.

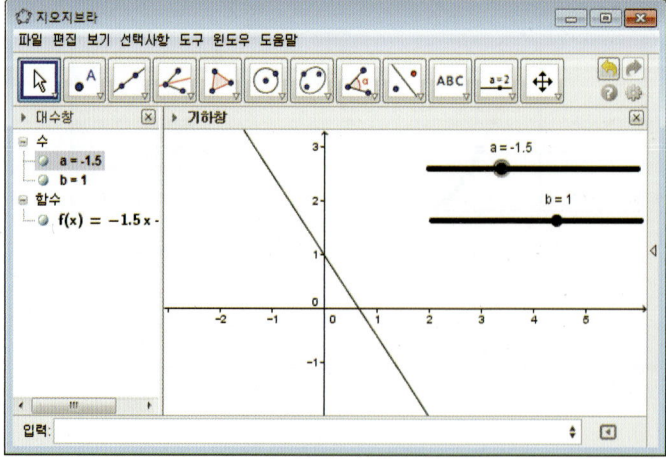

CHAPTER 7

# 미분과 적분

지오지브라에서는 미분이나 적분을 쉽게 다룰 수 있다. 이 장에서는 미분과 적분에 연관된 다양한 명령어에 대해 알아보자.

## 7.1 미분

> **미분 예제 1(미분[ ])**
>
> $f(x) = 3x^3 + 2\sin x + 1$의 1계 도함수, 2계 도함수를 구하시오.

- 주어진 함수의 1계 도함수와 2계 도함수를 구하기 위해 지오지브라의 입력창에 다음과 같이 차례로 입력한다.

```
f(x) = 3 x^3 + 2 sin(x) + 1
미분[ f ]
미분[ f , 2 ]
```

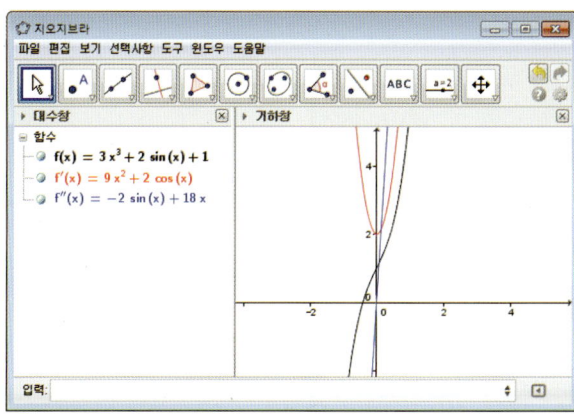

## 미분 예제 2 (음함수미분 [ ])

음함수 $x^2 + y^2 = 1$ 에 대하여 $\frac{dy}{dx}$ 를 구하시오.

- 주어진 음함수의 $\frac{dy}{dx}$ 를 구하기 위해 지오지브라의 입력창에 다음과 같이 입력한다.

```
음함수미분[ x^2 + y^2 - 1 ]
```

(실행결과)

$-\frac{x}{y}$

## 미분 예제 3 (매개변수미분 [ ])

주어진 매개변수 곡선 $x(t) = 2t$ , $y(t) = t^2$ , $t \in [\,0\,,\,10\,]$ 에 대하여 $\frac{dy}{dx}$ 를 구하시오.

- 주어신 매개변수 곡선의 $\frac{dy}{dx}$ 를 구하기 위해 지오지브라의 입력창에 다음과 같이 입력한다.

```
a : 곡선[ 2t , t^2 , t , 0 , 10 ]
매개변수미분[ a ]
```

(실행결과)

$x(t) = 2t, \ y(t) = t, \ t \in [\,0\,,\,10\,]$

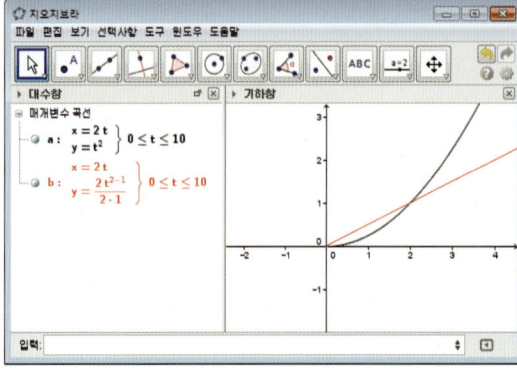

## 7.2 적분

**적분 예제 1 (적분[ ])**

$\int \sin x \, dx$ 를 구하시오.

- 주어진 **부정적분**을 구하기 위해 지오지브라의 입력창에 다음과 같이 입력한다.

적분[ sin(x) ]

(실행결과)
$-\cos x$

**적분 예제 2 (적분[ ])**

$\int_0^{\frac{\pi}{2}} \sin x \, dx$ 를 구하시오.

- 주어진 **정적분**을 구하기 위해 지오지브라의 입력창에 다음과 같이 입력한다.

적분[ sin(x) , 0 , pi/2 ]

(실행결과)
a = 1

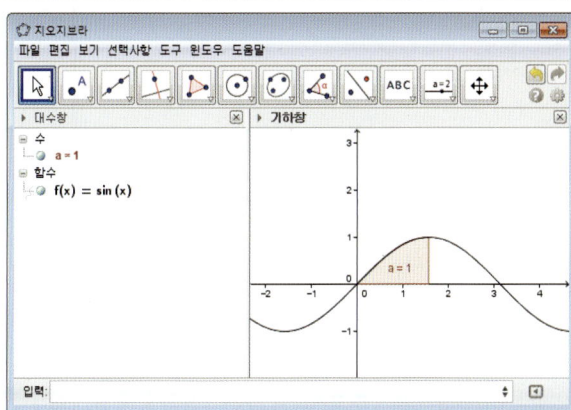

# 제7장 미분과 적분

> **적분 예제 3(왼쪽합[ ])**
>
> 구간 $-2 \leq x \leq 1$에서 함수 $f(x) = \sin x$에 대하여
> $$\sum_{k=1}^{10} f\left(-2 + \frac{3}{10}(k-1)\right) \cdot \frac{3}{10}$$
> 을 기하창에 그림으로 표현하시오.

- 주어진 식에 해당하는 그림을 구하기 위해 지오지브라의 입력창에 다음과 같이 차례로 입력한다.[1]

```
f(x) = sin(x)
왼쪽합[ f , -2 , 1 , 10 ]


(실행결과)
a = -1.21
```

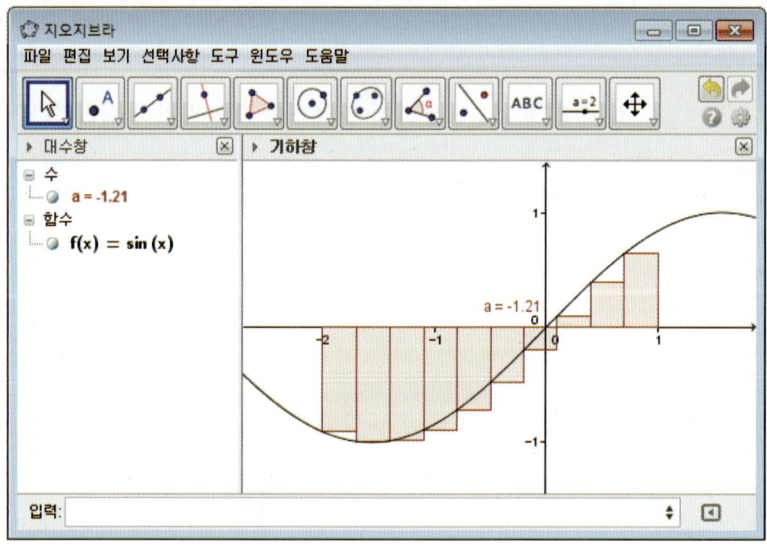

---

[1] **왼쪽합** 명령어는 주어진 구간을 분할하고 분할된 구간의 왼쪽 값을 함수에 대입하여 그 값을 높이로 하는 직사각형 넓이의 합을 구한다. 왼쪽합 명령어의 문법은 다음과 같다.
　왼쪽합[ 함수 , 시작 x값 , 끝 x값 , 사각형의 수 ]
　만일 주어진 구간을 분할하고 분할된 구간의 오른쪽 값을 함수에 대입하여 그 값을 높이로 하는 직사각형 넓이의 합을 구하려면 **직사각형합** 명령어를 사용한다. 직사각형합 명령어의 문법은 다음과 같다.
　직사각형합[ 함수 , 시작 x값 , 끝 x값 , 사각형의 수 , 1 ]
　이때 명령어의 맨 끝의 1은 0부터 1까지의 구간에서의 위치를 표시한다. 1은 오른쪽 끝에 있기 때문에 오른쪽 끝의 값을 대입한다.

### 적분 예제 4(왼쪽합[ ], 애니메이션)

구간 $-2 \leq x \leq 1$에서 함수 $f(x) = \sin x$에 대하여

$$\sum_{k=1}^{n} f(-2 + \frac{3}{n}(k-1)) \cdot \frac{3}{n}$$

이라 할 때 $n$이 1부터 30까지 변화할 때의 결과를 기하창에서 관찰하시오.

① 슬라이더 도구를 선택한 후 기하창을 클릭하여 정수 슬라이더 n 을 만든다.

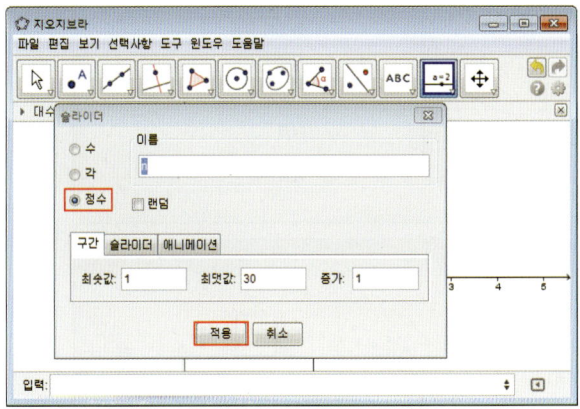

② 주어진 식에 해당하는 그림을 구하기 위해 지오지브라의 입력창에 다음과 같이 차례로 입력한다.

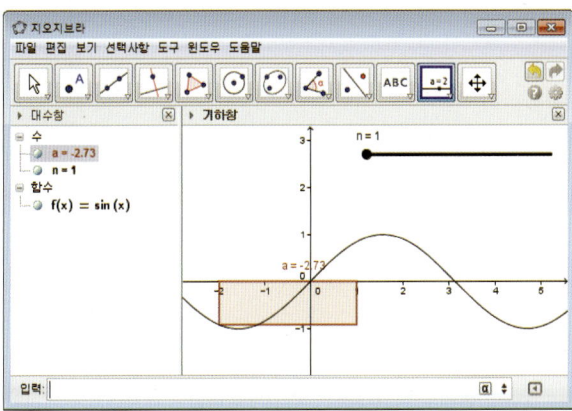

③ 슬라이더 n 위에서 마우스 오른쪽 버튼을 클릭🖱하여 애니메이션 시작을 선택하면 애니메이션을 볼 수 있다.[2]

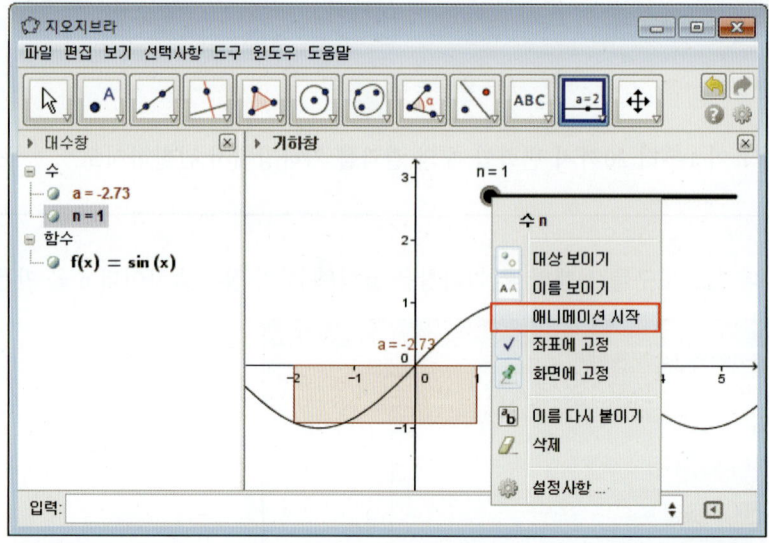

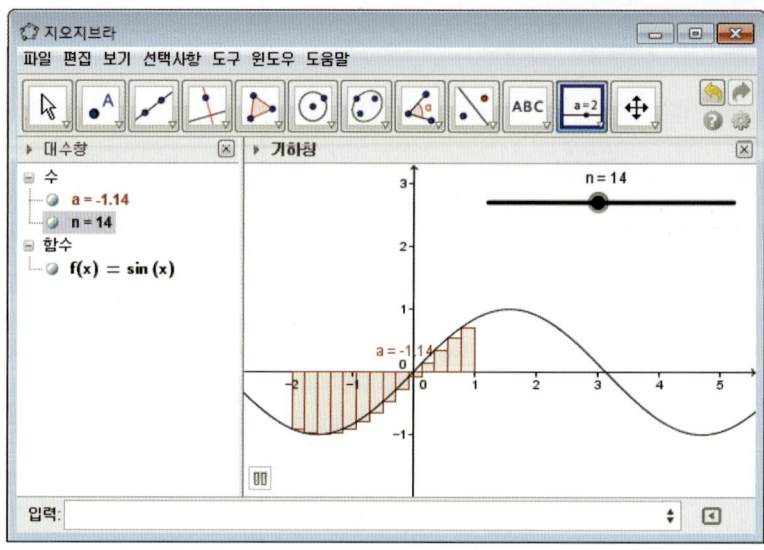

---

[2]예제의 애니메이션을 움직이는 GIF 그림의 형태로 내보내려면 메뉴에서 파일 - 내보내기 - 기하창을 움직이는 GIF로 저장...을 선택한다.

7.2 적분

**적분 예제 5(적분차[ ])**

$\int_0^{\frac{\pi}{2}} \sin x - \cos x \, dx$ 를 구하시오.

① 주어진 정적분 값만을 구하려면 지오지브라의 입력창에 다음과 같이 입력한다.

적분[ sin(x) - cos(x) , 0 , pi/2 ]

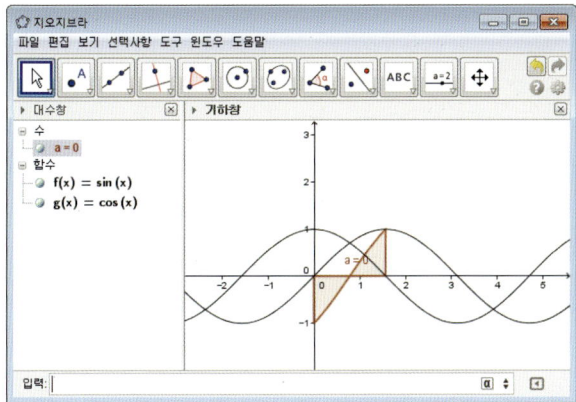

② $\sin x$ 와 $\cos x$ 사이의 영역을 색칠한 그림과 값을 얻기 위해 지오지브라의 입력창에 다음과 같이 입력한다.[3]

적분차[ sin(x) , cos(x) , 0 , pi/2 ]

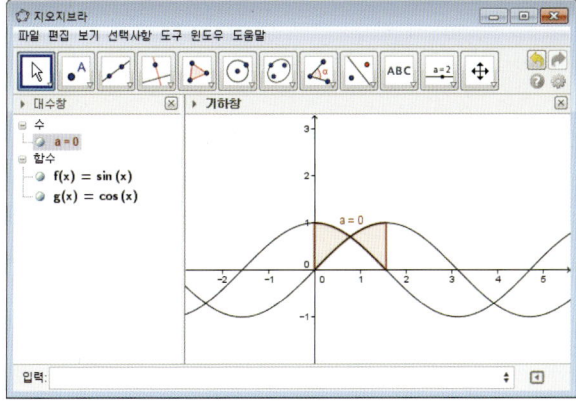

---

[3]적분차[ 함수 , 함수 , 시작 x값 , 끝 x값 ]

73

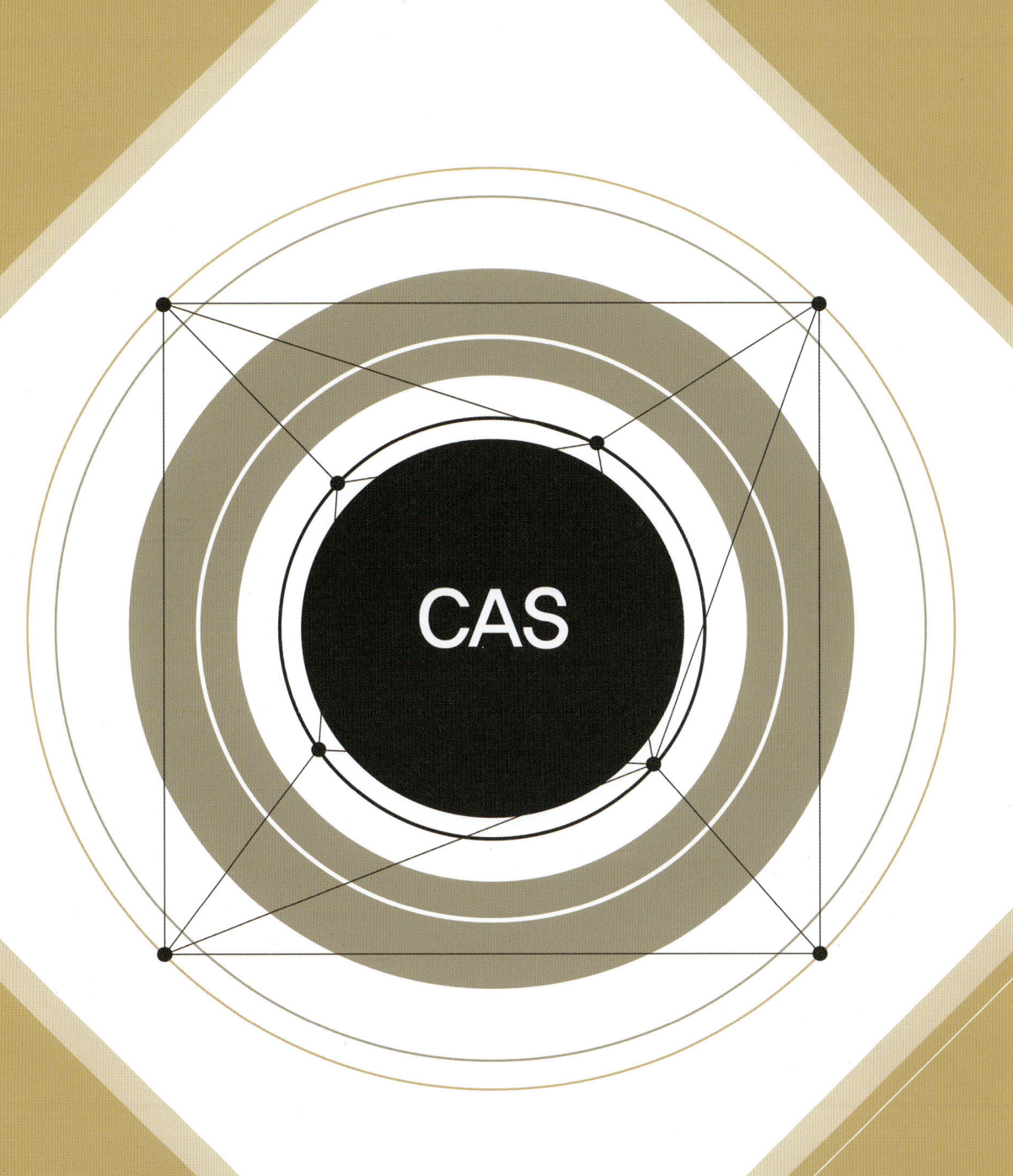

지오지브라와 함께 하는 스마트수학

CHAPTER 8

# CAS

지오지브라 4.2 이후로 CAS[1]를 위한 독립적인 공간이 제공되기 시작하였다. 지오지브라에서 CAS 창을 열려면 메뉴에서 보기 – CAS를 선택하거나 키보드 단축키로 Ctrl + Shift + K 를 누른다(그림 8.1). CAS 창은 CAS 셀로 구성되어 있다. CAS 셀에 지오지브라 명령어를 입력하면 연산 결과가 나타난다.

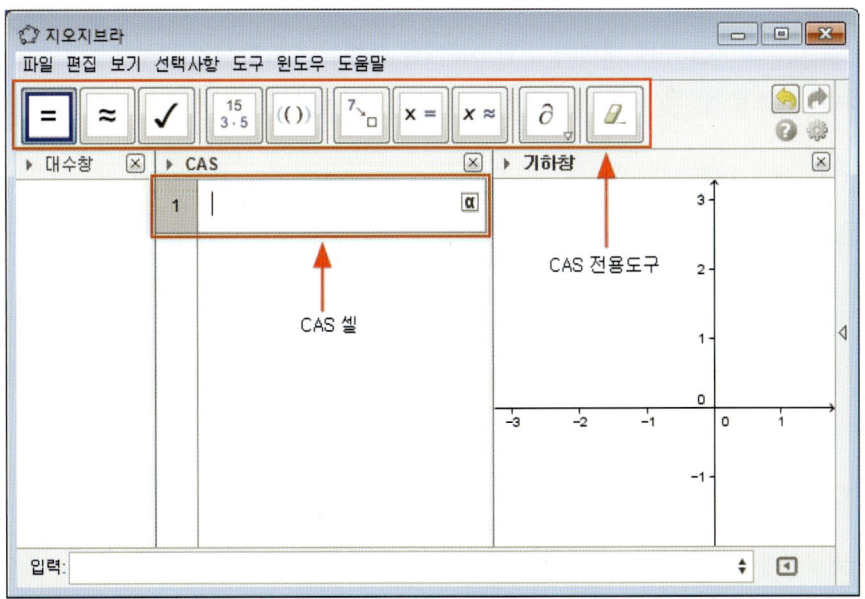

그림 8.1: CAS 창의 모습

---

[1]CAS 는 Computer Algebra System(컴퓨터 대수 시스템)의 약어이다. 대표적인 CAS의 예로 Mathematica, Maple, R 등을 들 수 있다.

## 8.1 CAS 전용 도구

CAS 창을 열어 마우스로 CAS 창을 클릭🔲하면 CAS 전용 도구가 나타난다(그림 8.1).

### 연산 도구

연산 도구는 선택한 상태에 따라 입력된 내용을 점검하거나 연산을 수행하는 도구이다. 연산 도구는 입력하기 전에 클릭🔲한다. 다음은 연산을 위한 CAS 전용 도구이다.

| 1 | = | 연산 : 정확한 연산을 수행한다. |
| 2 | ≈ | 수치 연산 : 수치해석적 연산을 수행한다. |
| 3 | ✓ | 입력 유지 : 입력 내용이 올바른지 점검한다. |

### 인수분해 도구

인수분해 [15/3·5] 도구는 수에 대하여 소인수분해를 수행하며 다항식인 경우에는 **인수분해**를 수행한다. 인수분해 [15/3·5] 도구의 사용방법은 다음과 같다.

① CAS 셀에 35를 입력한다.

② 인수분해 [15/3·5] 도구를 클릭🔲하면 소인수분해 결과를 얻는다.

> (실행결과)
> $5 \cdot 7$

① CAS 셀에 a^2 - 3 a - 4를 입력한다.

② 인수분해 [15/3·5] 도구를 클릭🔲하면 인수분해 결과를 얻는다.

> (실행결과)
> $(a+1)\ (a-4)$

## 치환 도구

치환 도구는 주어진 식의 문자를 수나 다른 문자로 치환한다. 치환 도구의 사용방법은 다음과 같다.

① CAS 셀에 ( a - 3 )( a + 5 )를 입력한다.

② 치환 도구를 클릭하면 치환 대화상자가 나타난다. 치환 대화상자의 새로운 식 부분에 적절하게 입력한다. 예를 들어 a에 대하여 b 또는 3을 치환하는 것이 가능하다. 각각에 대한 결과는 아래에 제시한다.[2]

(실행결과)
$b^2 + 2b - 15$
$0$

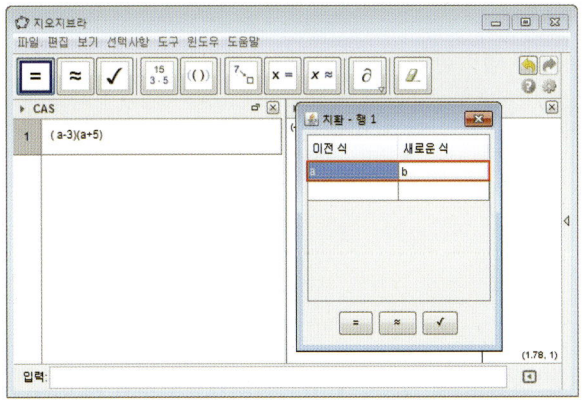

## 풀기 도구

풀기 도구는 주어진 방정식의 해를 제공한다. 풀기 도구의 사용방법은 다음과 같다.

① CAS 셀에 a^2 - 3 a + 1 = 0을 입력한다.

② 풀기 도구를 클릭하면 방정식의 해를 얻는다.

(실행결과)
$\{a = \frac{\sqrt{5}+3}{2}, a = \frac{-\sqrt{5}+3}{2}\}$

---

[2]수로 치환되는 경우 연산 결과를 얻을 수 있다.

제8장 CAS

## 수치해석으로 풀기 도구

**수치해석으로 풀기** $\boxed{x \approx}$ 도구는 주어진 방정식의 수치해석적 해(근삿값)를 제공한다. 수치해석으로 풀기 $\boxed{x \approx}$ 도구의 사용방법은 다음과 같다.

① CAS 셀에 a^2 - 3 a + 1 = 0을 입력한다.

② 수치해석으로 풀기 $\boxed{x \approx}$ 도구를 클릭🖱하면 방정식의 수치해석적 해를 얻는다.

(실행결과)
$\{a = 0.38, a = 2.62\}$

## 미분 도구

**미분** $\boxed{f'}$ 도구는 입력된 함수식을 미분한다. 미분 $\boxed{f'}$ 도구의 사용방법은 다음과 같다.

① CAS 셀에 x^2 - 3 x + 1을 입력한다.

② 미분 $\boxed{f'}$ 도구를 클릭🖱하면 주어진 식의 미분을 얻는다.

(실행결과)
$2x - 3$

## 적분 도구

**적분** $\boxed{\int}$ 도구는 입력된 함수식을 적분한다. 적분 $\boxed{\int}$ 도구의 사용방법은 다음과 같다.

① CAS 셀에 x^2 - 3 x + 1을 입력한다.

② 적분 $\boxed{\int}$ 도구를 클릭🖱하면 주어진 식의 적분을 얻는다.

(실행결과)
$\frac{1}{3} x^3 - \frac{3}{2} x^2 + x + c_1$

## 8.2 CAS 예제

**CAS 예제 1(소인수분해[ ])**

2014를 소인수분해하시오.

- 2014를 소인수분해하기 위해 CAS 셀에 다음과 같이 입력한다.

  소인수분해[ 2014 ]

  (실행결과)
  $\{2, 19, 53\}$

**CAS 예제 2(인수분해[ ])**

$x^2 - 3x - 4$를 인수분해하시오.

- $x^2 - 3x - 4$를 인수분해하기 위해 CAS 셀에 다음과 같이 입력한다.

  인수분해[ x^2 - 3 x - 4 ]

  (실행결과)
  (x − 4) (x + 1)

## 제8장 CAS

**CAS 예제 3(인수분해[ ])**

$a^3 + b^3 + c^3 - 3abc$를 인수분해하시오.

- $a^3 + b^3 + c^3 - 3abc$를 인수분해하기 위해 CAS 셀에 다음과 같이 입력한다.[3]

  인수분해[ a^3 + b^3 + c^3 - 3 a b c ]

  (실행결과)
  $(a+b+c)\,(a^2 - ab - ac + b^2 - bc + c^2)$

**CAS 예제 4(풀기[ ])**

$x^2 - 3x - 4 = 0$의 근을 구하시오.

- $x^2 - 3x - 4 = 0$의 근을 구하기 위해 CAS 셀에 다음과 같이 입력한다.

  풀기[ x^2 - 3 x - 4 ]

  (실행결과)
  $\{x = -1, x = 4\}$

---

[3]변수 이름을 한 칸씩 떼어 입력해야 오류가 발생하지 않는다.

## 8.2 CAS 예제

**CAS 예제 5(풀기[ ])**

$ax^2 + bx + c = 0$의 근을 구하시오.

- $ax^2 + bx + c = 0$의 근을 구하기 위해 CAS 셀에 다음과 같이 입력한다.[4]

  풀기[ a x^2 + b x + c ]

  (실행결과)
  $\left\{ x = \frac{\sqrt{-4ac+b^2}-b}{2a}, x = \frac{-\sqrt{-4ac+b^2}-b}{2a} \right\}$

**CAS 예제 6(복소풀기[ ])**

$x^2 + 1 = 0$의 복소수근을 구하시오.

- $x^2 + 1 = 0$의 복소수근을 구하기 위해 CAS 셀에 다음과 같이 입력한다.[5]

  복소풀기[ x^2 + 1 ]

  (실행결과)
  $\{ x = i, x = -i \}$

---

[4] 변수 이름 사이에 공백(스페이스)을 입력해야 오류가 발생하지 않는다. 또한 a, b, c가 미리 정의되어 있지 않아야 한다.

[5] 풀기[ x^2 + 1 ]을 실행하면 근이 없다는 결과를 얻는다. 이는 중학교에서 방정식 $x^2 + 1 = 0$은 근이 없다고 지도되는 것을 반영한 것이다.

# 제8장 CAS

**CAS 예제 7(적분[ ])**

$\int x \ln x \, dx$를 구하시오.

- $\int x \ln x \, dx$를 구하기 위해 CAS 셀에 다음과 같이 입력한다.

  적분[ x ln(x) ]

  (실행결과)
  $-\frac{1}{4} x^2 + \frac{1}{2} x^2 \ln(x) + c_1$

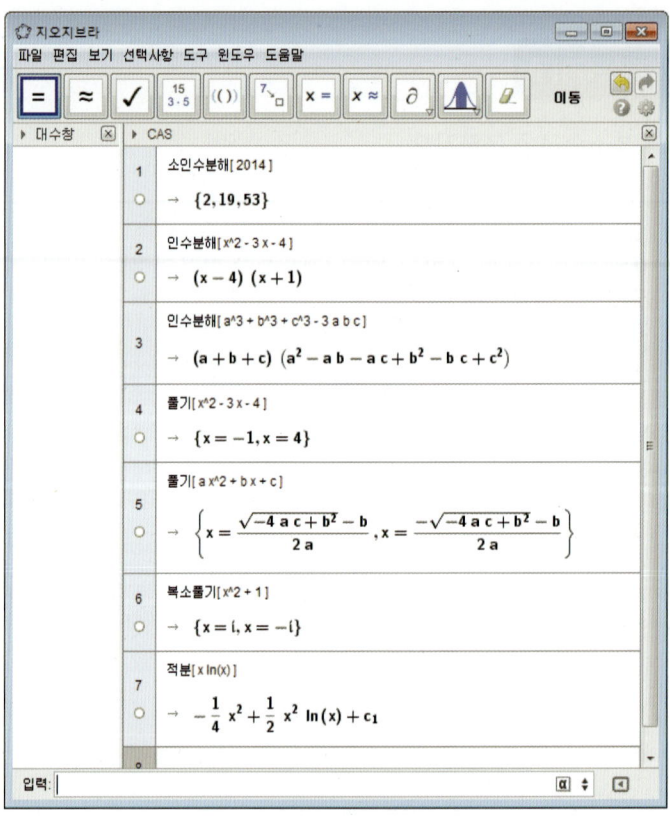

그림 8.2: CAS 예제 실행결과

## 8.3 CAS 셀

**셀번호**

CAS 셀의 앞부분에 **셀번호**가 있다. 셀번호를 이용하면 CAS 창에서 간편하게 연산을 수행할 수 있다. 예를 들어 $\int \sin x \cos x \, dx$ 의 결과를 얻기 위해 1번 CAS 셀에 다음과 같이 입력했다고 하자.

```
적분[ sin(x) cos(x) ]

(실행결과)
-½ cos²(x) + c₁
```

이때 1번 CAS 셀의 결과인 $-\frac{1}{2}\cos^2(x) + c_1$을 미분하려면 2번 CAS 셀에 다음과 같이 입력한다.[6]

```
미분[ # ]
```

이때 # 기호는 바로 앞 번호 CAS 셀의 결과를 의미한다. 미분[ # ]의 실행결과는 다음과 같다.

```
(실행결과)
cos(x) sin(x)
```

또한 1번 CAS 셀의 결과인 $-\frac{1}{2}\cos^2(x) + c_1$을 2번 미분하려면 3번 CAS 셀에 다음과 같이 입력한다.[7]

```
미분[ #1 , x , 2 ]
```

---

[6] # 기호는 이전에 참조한 CAS 셀의 변화를 반영하지 않는다. # 기호 대신 $를 사용하면 이전에 참조한 CAS 셀에 변화가 있을 경우 그 변경사항을 반영한다.
[7] 이때 미분 명령은 CAS 창 전용문법으로 미분[ 함수 , 변수 , 미분횟수 ]이다.

이때 #1은 1번 CAS 셀의 결과를 의미한다. 이와 같이 # 뒤에 번호를 붙이면 해당 CAS 셀의 결과를 의미한다. 미분[ #1 , x , 2 ] 의 실행결과는 다음과 같다.

(실행결과)
$\cos^2(x) - \sin^2(x)$

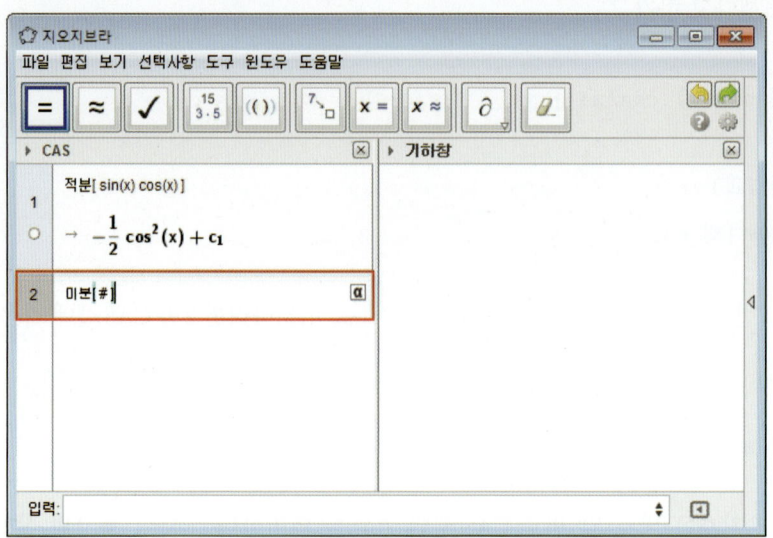

그림 8.3: 이전 CAS 셀 결과 이용

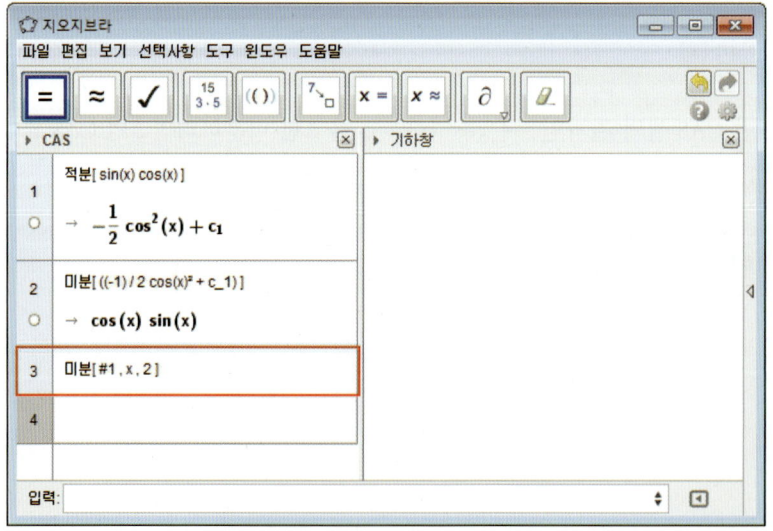

그림 8.4: CAS 셀번호로 결과 이용

## 보이기 버튼

CAS 셀번호 아래에는 보이기 버튼◉ 이 있다.[8] 그림 8.5의 보이기 버튼◉ 을 클릭하면 기하창에 그 결과가 나타난다.

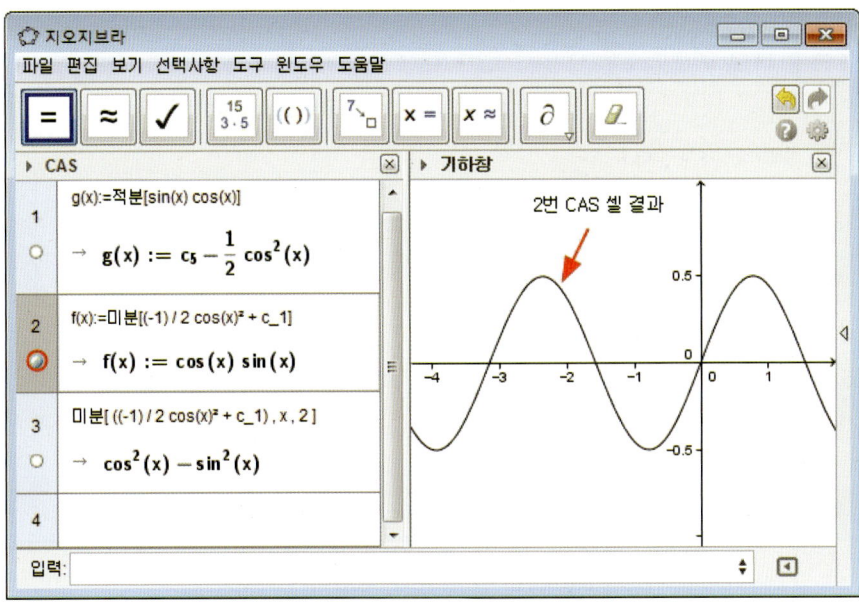

그림 8.5: CAS 창의 보이기 버튼

## 결과 내보내기

CAS 창의 연산 결과를 다양한 형태의 수식 코드로 내보낼 수 있다. 예를 들어 $\int x^5 + 3x^3 - 2x + 1 \; dx$ 의 결과를 얻기 위해 CAS 셀에 다음과 같이 입력했다고 하자.

```
적분[ x^5 + 3 x^3 - 2 x + 1 ]
```

(실행결과)
$\frac{1}{6} x^6 + \frac{3}{4} x^4 - x^2 + x + c_1$

---

[8] 대수창에 있던 버튼과 동일하다.

이때 그림 8.6과 같이 CAS 셀에 나타난 실행결과 위에서 마우스 오른쪽 버튼을 클릭하여 내보내기 메뉴를 선택할 수 있다. 선택할 수 있는 항목은 다음과 같다.[9]

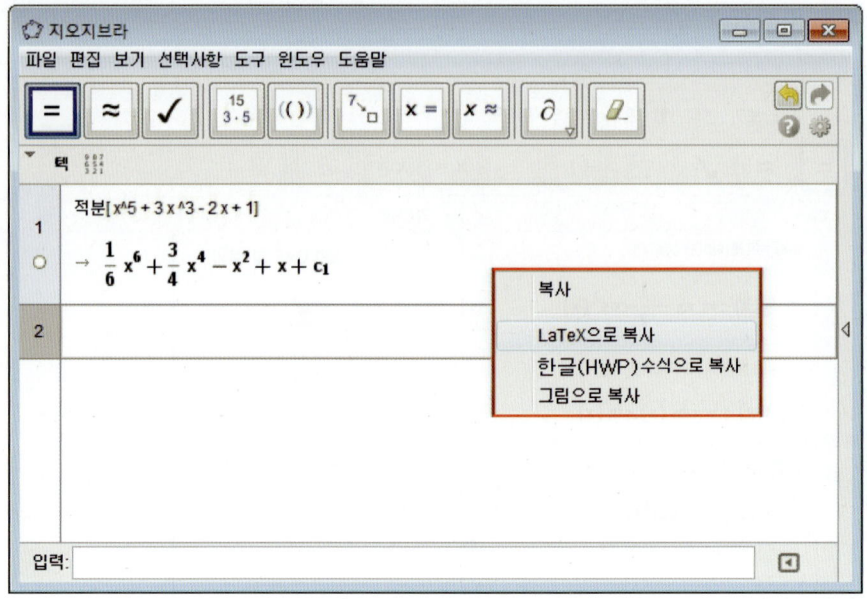

그림 8.6: CAS 셀의 결과 내보내기 메뉴

① 복사 : 연산 결과를 텍스트로 복사한다.

```
1 / 6 x^6 + 3 / 4 x^4 - x^2 + x + c_1
```

② LaTeX으로 복사 : 연산 결과를 LaTeX 수식으로 변환하여 복사한다.[10]

```
\mathbf{\frac{1}{6} \; x^{6} + \frac{3}{4} \; x^{4} - x^{2} +
x + c_1
```

③ 그림으로 복사 : 연산 결과를 그림으로 변환하여 복사한다.

$$\frac{1}{6} x^6 + \frac{3}{4} x^4 - x^2 + x + c_1$$

---

[9]메뉴를 선택하면 해당 내용이 클립보드에 저장되며 화면에서의 변화는 없다. 만일 저장된 내용을 다른 프로그램에서 사용하려면 Ctrl + V 를 누르면 된다.

[10]이 책은 LaTeX 으로 조판되었기 때문에 이 메뉴를 활용할 수 있었다. 이 책의 (실행결과)는 CAS 창에서 내보낸 LaTeX 수식을 이용한 것이다.

④ 한글(HWP) 수식으로 복사 : 연산 결과를 한글(HWP) 수식으로 변환하여 복사한다.

{1} over {6} x^{6} + {3} over {4} x^{4} - x^{2} + x + c_1

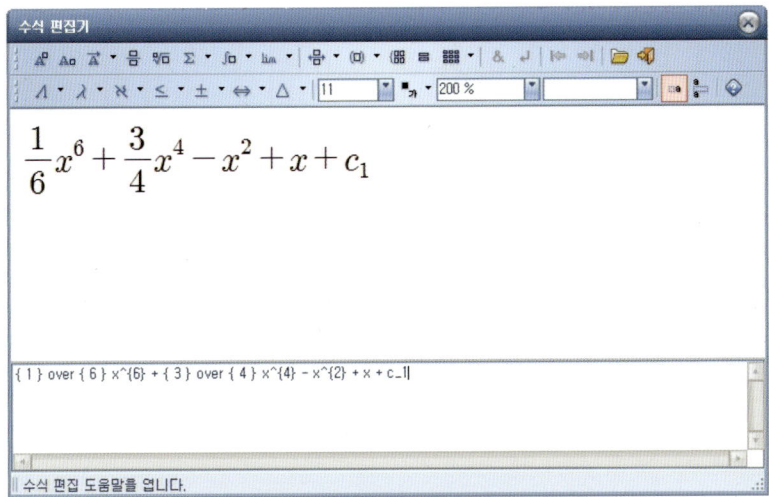

그림 8.7: 한글(HWP)에 수식을 복사한 모습

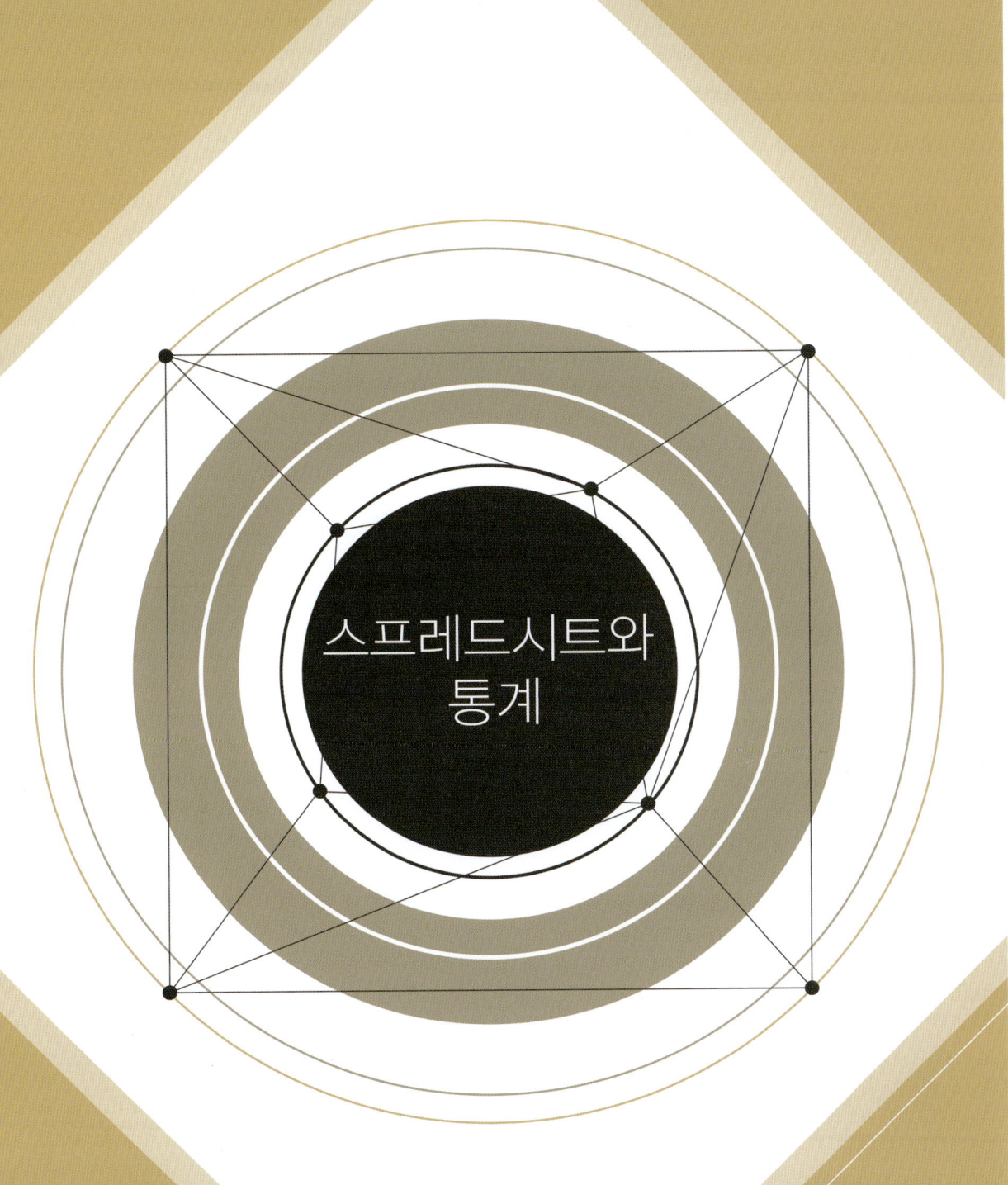

지오지브라와 함께 하는 스마트수학

CHAPTER 9

# 스프레드시트 창

스프레드시트는 그 동안 수학교육을 위한 도구로 활용되어 왔다. 지오지브라는 이러한 연구를 반영하여 **스프레드시트**[1]를 지오지브라 안에 내장시키고 대수창, 기하창과 적절히 통합하였다. 이 장에서는 **스프레드시트 창**의 일반적인 사용법에 대하여 살펴볼 것이다.

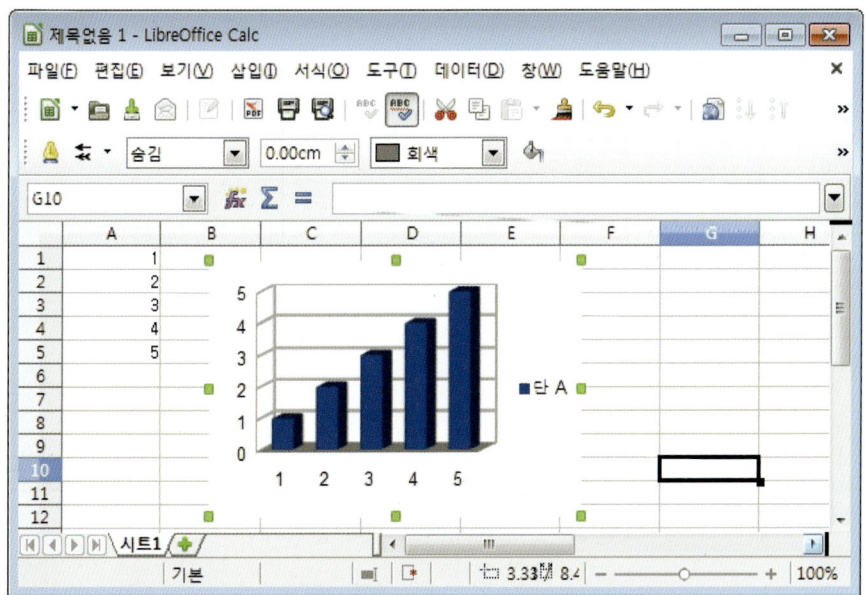

그림 9.1: 리브레오피스의 스프레드시트인 Calc

---

[1]스프레드시트란 계산용지를 컴퓨터에서 사용할 수 있게 구현한 표 계산 프로그램이다. 대표적으로 마이크로소프트의 엑셀(Excel), 리브레오피스의 Calc(그림 9.1) 등이 있다.

## 9.1 스프레드시트 창

**스프레드시트 창 열기**

스프레드시트 창은 메뉴의 보기 – 스프레드시트 창을 선택하거나 Ctrl + Shift + S 를 누르면 열 수 있다.

**행, 열, 셀**

스프레드시트의 실행화면에서 가로 방향은 행(Row)이며 세로 방향은 열(Column)이다. 스프레드시트의 각각의 사각형 공간을 셀(Cell)이라고 한다. 예를 들어 C열 4행의 셀을 지칭할 때는 C4 셀이라고 한다(그림 9.2).[2]

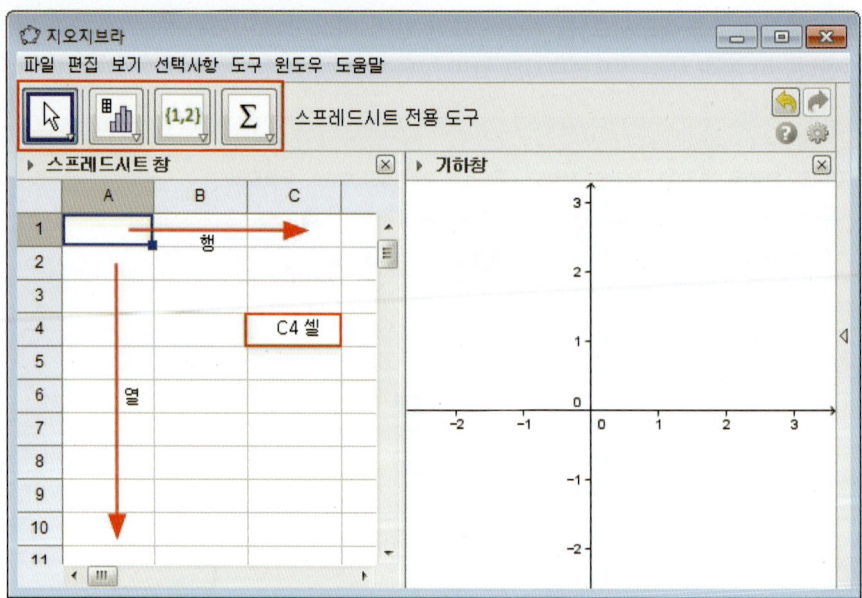

그림 9.2: 스프레드시트 창의 실행화면

---

[2]스프레드시트의 수식에서 C4 셀의 값을 계산에 적용할 때에는 C4 를 계산식에 넣는다.

## 9.2 스프레드시트 전용 도구

스프레드시트 창을 열어 마우스로 스프레드시트 창을 클릭🖱하면 **스프레드시트 전용 도구**가 나타난다.

### 리스트 생성 도구

다음 도구들은 스프레드시트 셀을 활용하여 **리스트**나 **행렬**을 만들기 위해 사용된다.

| | | |
|---|---|---|
| 1 | {1,2} | 리스트 만들기 : 마우스로 셀을 선택한 후 도구를 선택하면 리스트가 만들어진다. |
| 2 | {•••} | 점의 리스트 만들기 : 두 열에 걸쳐 마우스로 셀을 선택한 후 도구를 선택하면 점의 리스트가 만들어진다. |
| 3 | 1 2<br>3 4 | 행렬 만들기 : 행렬의 모양에 따라 셀에 수를 입력한 후 마우스로 드래그하여 선택하고 도구를 선택하면 행렬이 만들어진다. |
| 4 | 1 2<br>3 4 | 표 만들기 : 표의 모양에 따라 셀에 수나 텍스트를 입력한 후 마우스로 드래그하여 선택하고 도구를 선택하면 행렬이 만들어진다. |
| 5 | ⊞ | 다각선 만들기 : 두 열에 걸쳐 마우스로 셀을 선택한 후 도구를 선택하면 점들을 차례로 연결하는 다각선이 만들어진다. |

### 자료 분석 도구

다음 도구들은 스프레드시트 셀을 활용한 **자료 분석**을 위해 사용된다.

| | | |
|---|---|---|
| 1 | $\Sigma$ | 합계 : 마우스로 셀을 선택한 후 도구를 선택하면 선택한 셀의 합이 구해진다. |
| 2 | $\frac{\Sigma}{n}$ | 평균 : 마우스로 셀을 선택한 후 도구를 선택하면 선택한 셀의 평균이 구해진다. |
| 3 | ⫽ | 개수 : 마우스로 셀을 선택한 후 도구를 선택하면 선택한 셀의 개수가 구해진다. |
| 4 | 123 | 최댓값 : 마우스로 셀을 선택한 후 도구를 선택하면 선택한 셀 가운데 최댓값이 구해진다. |
| 5 | 123 | 최솟값 : 마우스로 셀을 선택한 후 도구를 선택하면 선택한 셀 가운데 최솟값이 구해진다. |

## 9.3 스프레드시트 창 예제

스프레드시트 창의 일반적인 기능을 예제를 통하여 소개하고자 한다.

> **스프레드시트 창 예제 1**
>
> A1 셀에 1을 입력하고 A2 셀에 2를 입력한 후 B1 셀에서 A1 셀과 A2 셀의 합을 구하시오.

① A1 셀에 1을 입력한다.

② A2 셀에 2를 입력한다.

③ B1 셀에 A1 + A2를 입력한다.

```
(실행결과)
B1:  3
```

> **스프레드시트 창 예제 2**
>
> 스프레드시트 창에서 1, 3, 5, … 와 같이 공차가 2인 **등차수열**을 만드시오.

① A1 셀에 1을 입력한다.

② A2 셀에 3를 입력한다.

③ 마우스로 A1 셀과 A2 셀을 드래그 하여 선택한 후 오른편 하단의 끝개(handle)를 드래그 하면 자동으로 등차수열이 채워진다.

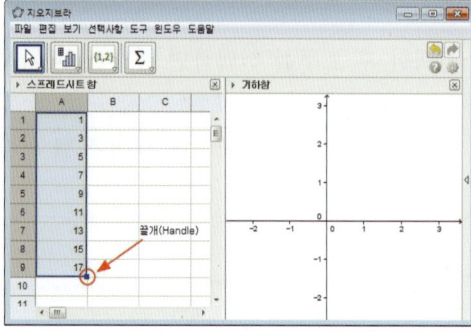

## 스프레드시트 창 예제 3

A 열에는 1, 3, 5, ... 인 등차수열을 채우고 B 열에는 1, 9, 25, ... 와 같이 A 열의 수의 제곱을 채우시오.

1. 예제 2의 방법을 따라 A 열 셀에 1, 3, 5, ... 인 등차수열을 채운다.

2. B1 셀에 A1^2을 입력한다.

3. 마우스로 B1 셀을 선택한 후 오른편 하단의 끌개(handle)를 드래그 하면 B 열에 A 열 수의 제곱이 채워진다.

## 스프레드시트 창 예제 4

A 열에 1, 3, 5, ... 인 등차수열을 채우고 B 열에는 A 열 수의 제곱근을 반지름으로 하는 원을 채우시오.

1. 예제 2의 방법을 따라 A 열 셀에 1, 3, 5, ... 인 등차수열을 채운다.

2. B1 셀에 x^2 + y^2 = A1을 입력한다.

3. 마우스로 B1 셀을 선택한 후 오른편 하단의 끌개(handle)를 드래그 하면 B 열에 A 열 수의 제곱근을 반지름으로 갖는 원의 방정식이 채워지며 기하창에 동심원이 그려진다.[3]

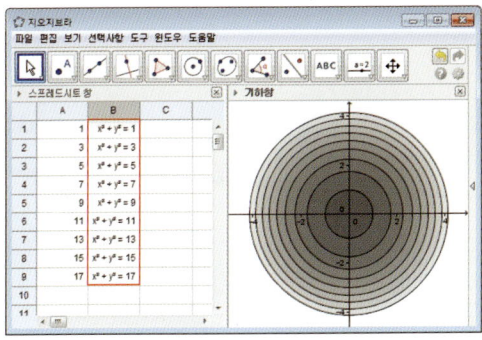

---

[3] 기하창에서 원이 보이지 않으면 B 열의 셀을 드래그 하여 선택한 후 마우스 오른쪽 버튼을 클릭 하여 대상 보이기를 선택한다.

CHAPTER **10**

# 통계 분석 환경

지오지브라의 스프레드시트 창에 자료를 입력한 후 다양한 **통계** 분석을 수행할 수 있다. 이 장에서는 학교 수학에서 자주 사용되는 **일변량** 분석에 대하여 살펴보자.

## 10.1 일변량 분석 예제

**일변량 분석** 도구는 주어진 자료를 일변량 통계 분석하는 도구이다. 다음 예제들을 통하여 일변량 분석 도구의 사용법을 알아보자.

> **일변량 분석 도구 예제 1**
>
> 다음 자료는 학생 30명의 신발 사이즈를 측정한 것이다. 지오지브라를 활용하여 이 자료를 분석하시오.

[학생 30명의 신발 사이즈]

253, 229, 264, 234, 256, 243, 221, 254, 258, 232, 222, 251, 237, 225, 245, 238, 250, 243, 234, 256, 247, 273, 248, 255, 264, 258, 262, 275, 253, 243

① 스프레드시트 창에서 마우스 오른쪽 버튼을 클릭🖱한 후 자료파일 가져오기... 를 선택하여 자료(예제1.csv)를 가져온다.[1]

② 마우스로 드래그🖱하여 셀을 선택한 후 일변량 분석 📊 도구를 클릭🖱하면 원자료 보기 대화상자가 나타난다. 분석하기 를 클릭🖱한다(그림 10.1).

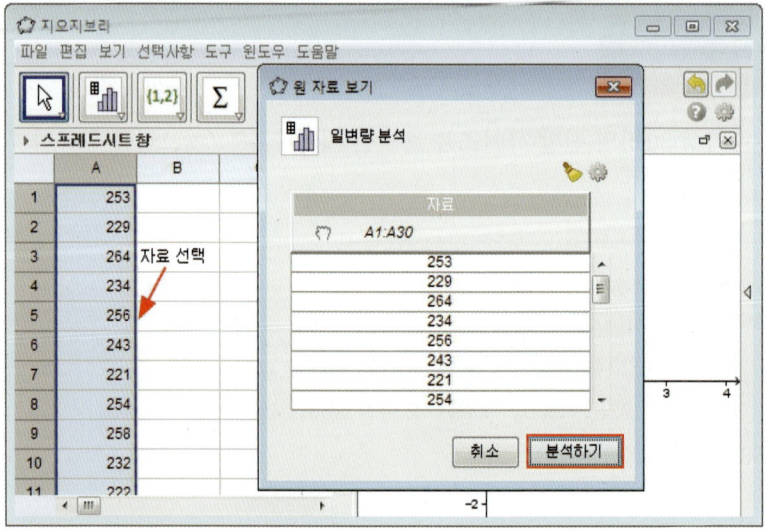

---

[1] 이 자료는 http://emotiond.synology.me (아이디: emotionbooks, 패스워드: goodservice)의 "(제2판) 지오지브라와 함께하는 스마트 수학" 폴더에서 다운로드 받을 수 있다.

10.1 일변량 분석 예제

③ 자료 분석 창에서  를 클릭 하면 자료에 대한 통계량을 볼 수 있다.[2]

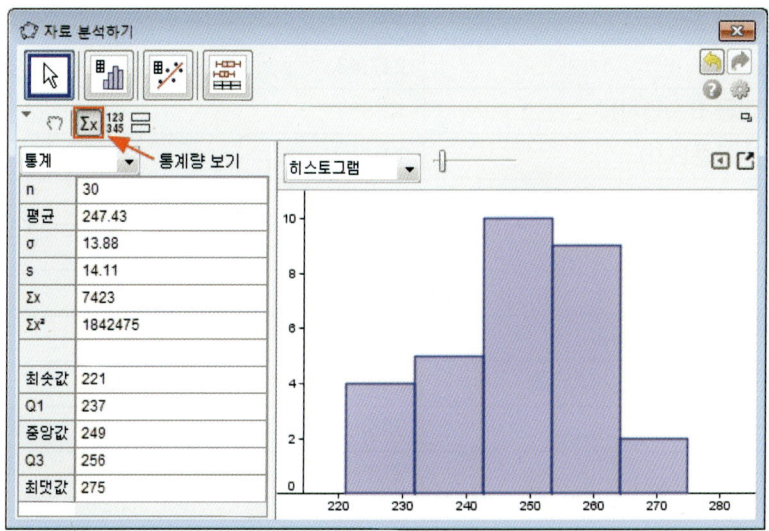

④ 이 외에도 원자료 보기 버튼과 2번째 그림 보이기 버튼을 클릭 하면 원자료와 다양한 통계 분석을 함께 볼 수 있다.

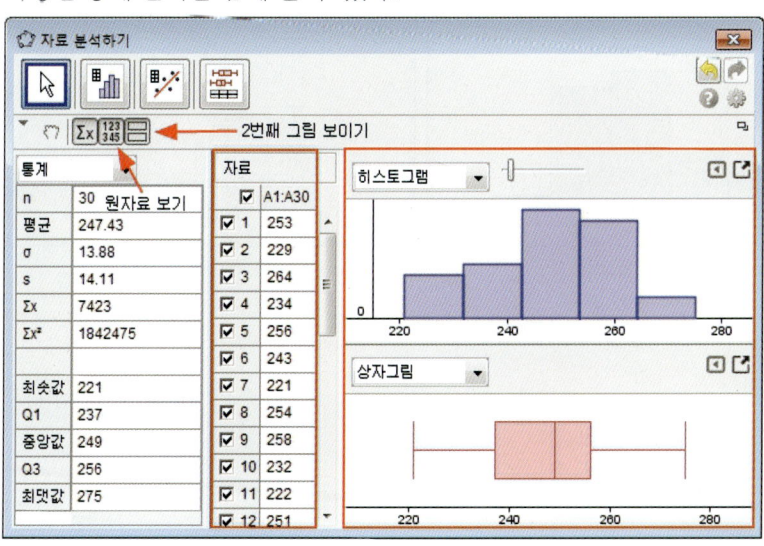

---

[2] 통계량 하단의 결과를 마우스로 드래그 한 후 Ctrl + C 를 눌러 복사할 수 있으며 오피스 프로그램에서 Ctrl + V 를 눌러 붙일 수 있다.

# 제10장 통계 분석 환경

| 통계 | 값 |
|---|---|
| n(도수의 총합) | 30 |
| 평균 | 247.43 |
| $\sigma$(모집단 표준편차) | 13.88 |
| s(표본 표준편차) | 14.11 |
| $\Sigma x$(변량의 총합) | 7423 |
| $\Sigma x^2$(변량 제곱의 총합) | 1842475 |
| 최솟값 | 221 |
| Q1(1사분위수) | 237 |
| 중앙값 | 249 |
| Q3(3사분위수) | 256 |
| 최댓값 | 275 |

표 10.1: 일변수 통계 분석자료

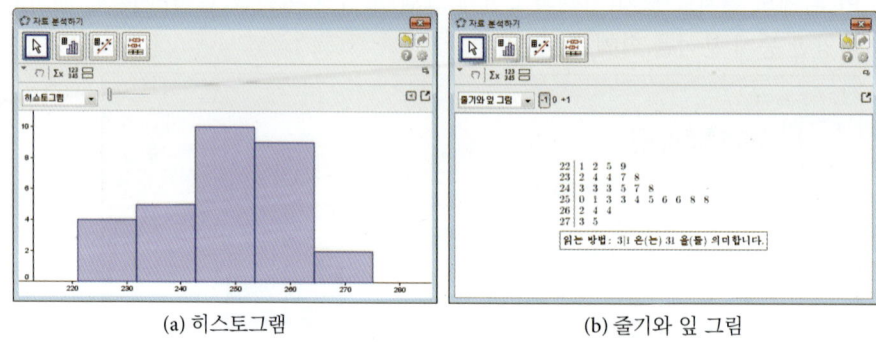

(a) 히스토그램　　　　　　　　(b) 줄기와 잎 그림

그림 10.1: 일변량 분석 결과

10.1 일변량 분석 예제

> **일변량 분석 도구 예제 2**
>
> 다음 자료는 학생 30명의 신발 사이즈를 측정한 것이다. 지오지브라를 활용하여 도수분포표, 히스토그램, 도수분포다각형, 상대도수분포다각형을 구하시오.

[학생 30명의 신발 사이즈]
253, 229, 264, 234, 256, 243, 221, 254, 258, 232, 222, 251, 237, 225, 245, 238, 250, 243, 234, 256, 247, 273, 248, 255, 264, 258, 262, 275, 253, 243

1 자료(예제1.csv)를 스프레드시트 창에 불러와 **일변량 분석** 도구를 클릭 하여 **자료 분석하기** 창이 나타났다고 하자.³ 이때 **자료 분석하기** 창의 오른편에 있는 ▶ 을 클릭 하면 히스토그램에 대한 설정사항이 나타난다.⁴

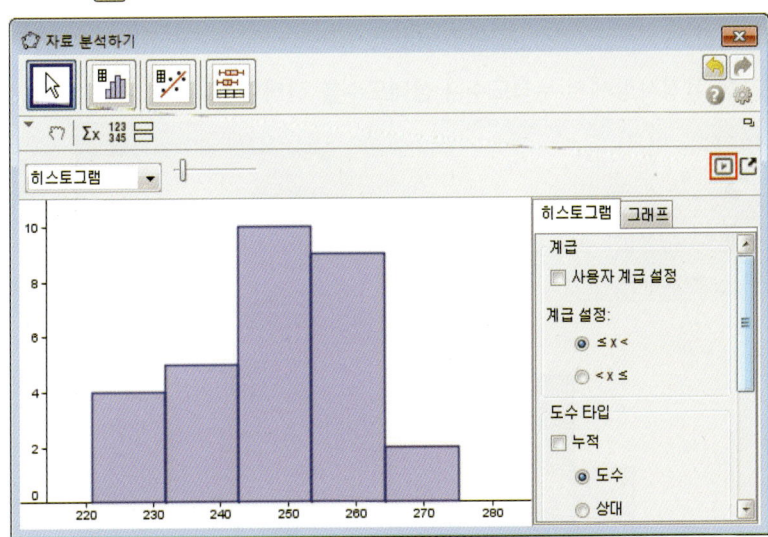

---

³이 자료는 http://emotiond.synology.me (아이디: emotionbooks, 패스워드: goodservice)의 "(제2판) 지오지브라와 함께하는 스마트 수학" 폴더에서 다운로드 받을 수 있다.
⁴히스토그램이 제시되어 있어 히스토그램에 대한 설정사항이 나타난 것이다.

제 10 장 통계 분석 환경

② 히스토그램 설정사항에서 **사용자 계급 설정**을 클릭 하면 화면 위에 시작값과 폭(급간)을 설정할 수 있는 입력 상자가 나타난다. 시작값은 220, 폭은 10으로 설정한다.

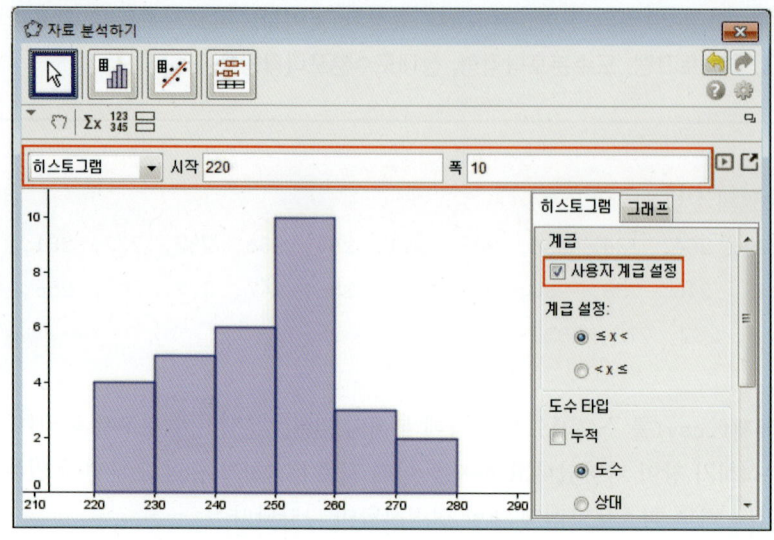

③ 히스토그램 설정사항에서 **누적도수**나 **상대도수**를 선택할 수 있다.

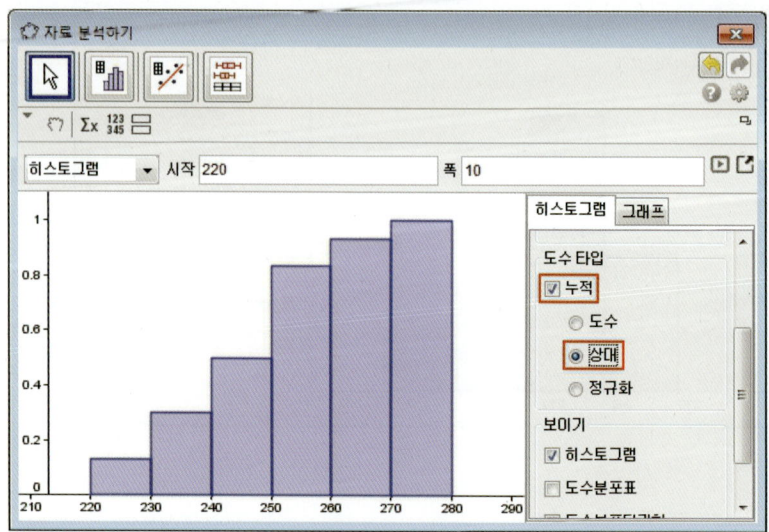

④ 히스토그램 설정사항의 다른 부분을 선택하면 **도수분포표, 도수분포다각형, 정규분포곡선**을 볼 수 있다.

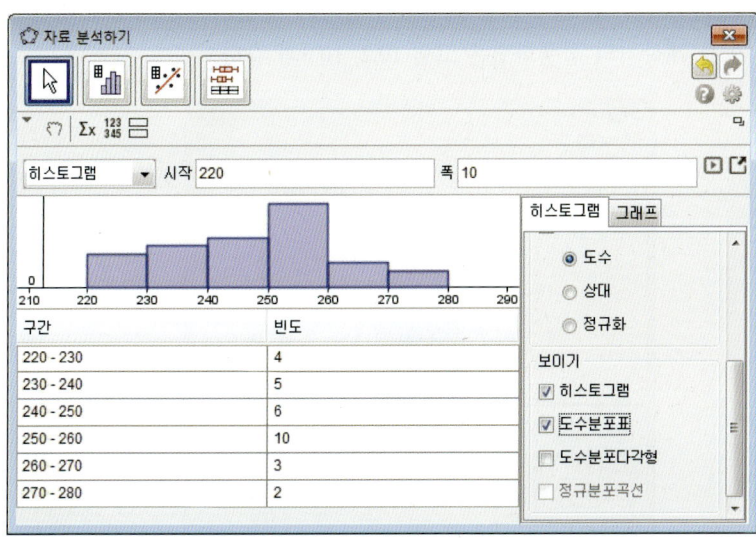

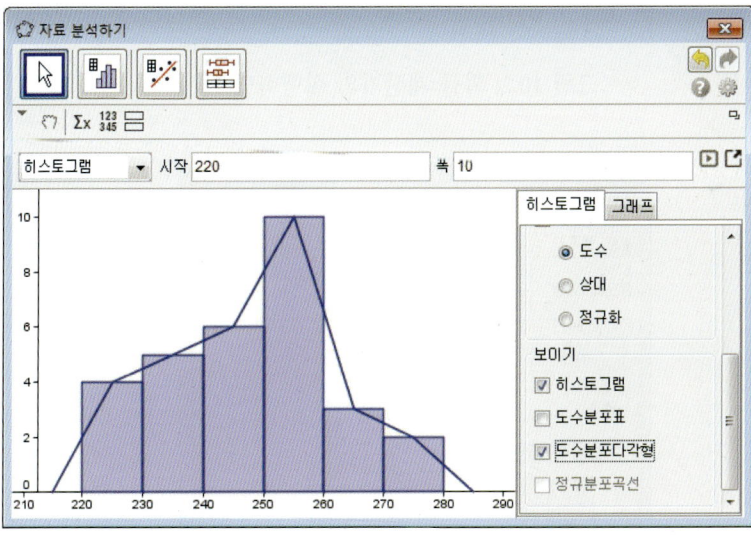

## 10.2 확률 계산기

**확률 계산기** 는 다양한 분포에 대한 확률값과 통계에서의 추정과 검정에 대한 계산을 수행해 준다. 확률 계산기의 실행화면은 그림 10.2, 10.3과 같다.

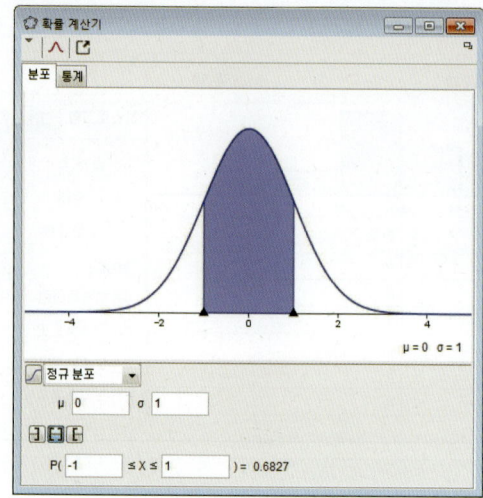

그림 10.2: 확률 계산기의 실행화면

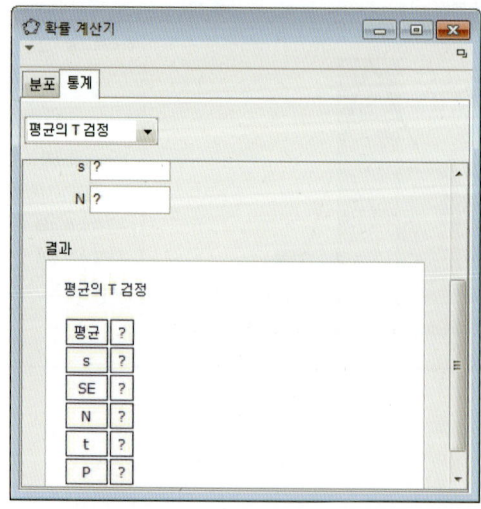

그림 10.3: 확률 계산기의 추정, 검정 기능

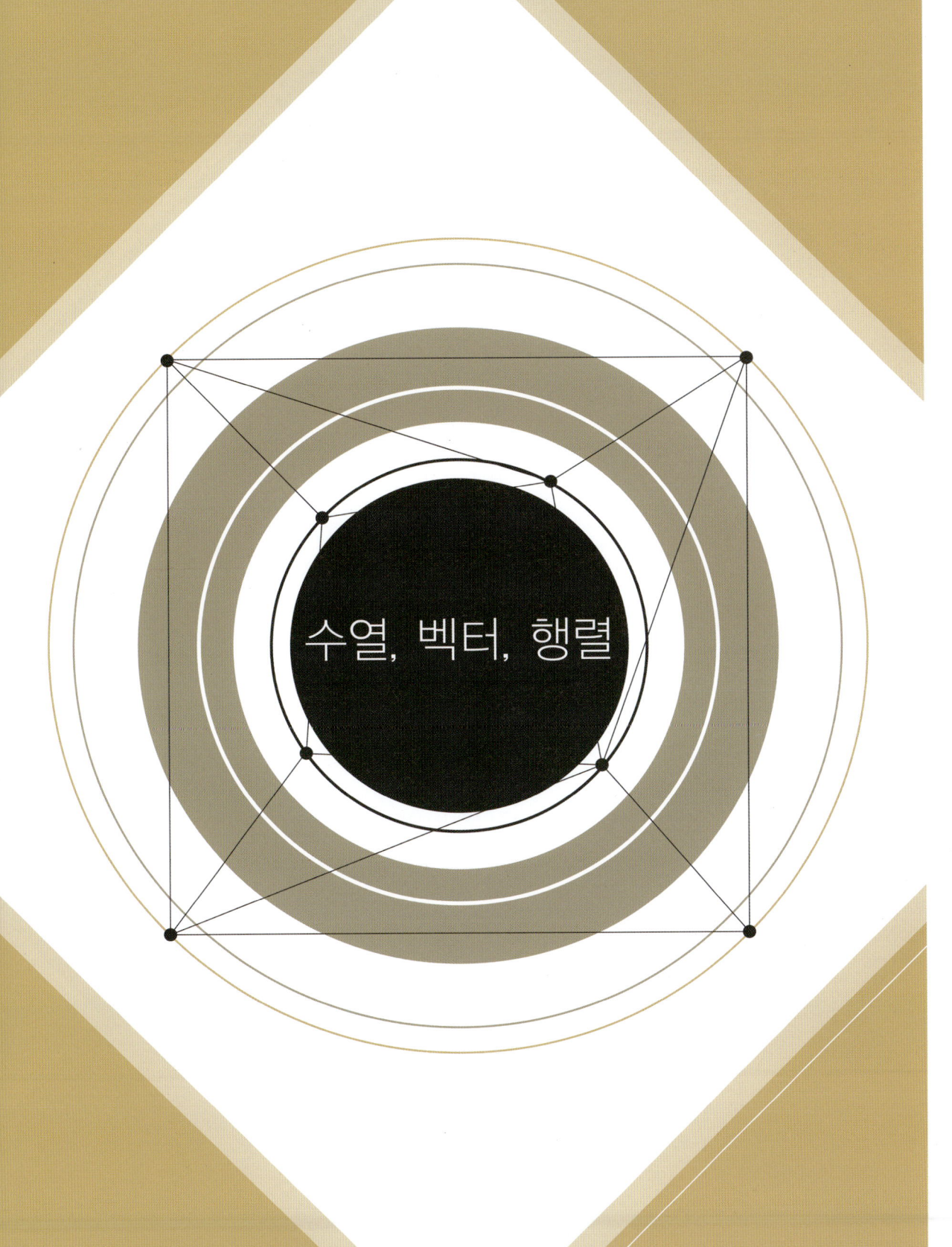

지오지브라와 함께 하는 스마트수학

CHAPTER 11

# 리스트와 수열

## 11.1 리스트

지오지브라에서 수열을 다루기 위해서 먼저 **리스트**를 이해해야 한다. 리스트는 **수열**과 **집합**의 속성을 동시에 지니고 있는 대상으로 지오지브라에서 수열을 다루는 데 유용한 도구가 된다.

> **리스트 예제 1**
>
> 리스트 $\{1, 2, 3\}$을 정의하시오.

- 리스트 $\{1, 2, 3\}$을 정의하기 위해 입력창에 다음과 같이 입력한다.

```
{ 1 , 2 , 3 }

(실행결과)
{1,2,3}
```

### 리스트 예제 2

점의 리스트 $\{(0,0), (1,0), (2,0)\}$을 정의하시오.

- 주어진 **점의 리스트**를 정의하기 위해 입력창에 다음과 같이 입력한다.

```
{ ( 0 , 0 ) , ( 1 , 0 ) , ( 2 , 0 ) }
```

(실행결과)
$\{(0,0), (1,0), (2,0)\}$

## 11.2 수열 관련 예제

### 수열 예제 1(수열[ ])

수열 $\{a_n\}$을 $a_n = \frac{1}{n}$과 같이 정의할 때 $a_1$부터 $a_{20}$까지 구하시오.

- 주어진 수열을 정의하기 위해 CAS 셀에 다음과 같이 입력한다.[1]

```
수열[ 1/n , n , 1 , 20 ]
```

(실행결과)
$\{1, \frac{1}{2}, \frac{1}{3}, \frac{1}{4}, \frac{1}{5}, \frac{1}{6}, \frac{1}{7}, \frac{1}{8}, \frac{1}{9}, \frac{1}{10}, \frac{1}{11}, \frac{1}{12}, \frac{1}{13}, \frac{1}{14}, \frac{1}{15}, \frac{1}{16}, \frac{1}{17}, \frac{1}{18}, \frac{1}{19}, \frac{1}{20}\}$

---

[1] 수열[ 일반항의 식 , 변수 , 변수의 시작값 , 변수의 끝값 ]

## 11.2 수열 관련 예제

> **수열 예제 2(수열[ ])**
>
> 점열 $\{b_n\}$을 $b_n = (n, \frac{1}{n})$과 같이 정의할 때 $b_1$부터 $b_{20}$까지 기하창에 나타내시오.

- 주어진 **점열**을 정의하기 위해 입력창에 다음과 같이 입력한다.

```
수열[ ( n , 1/n ) , n , 1 , 20 ]
```

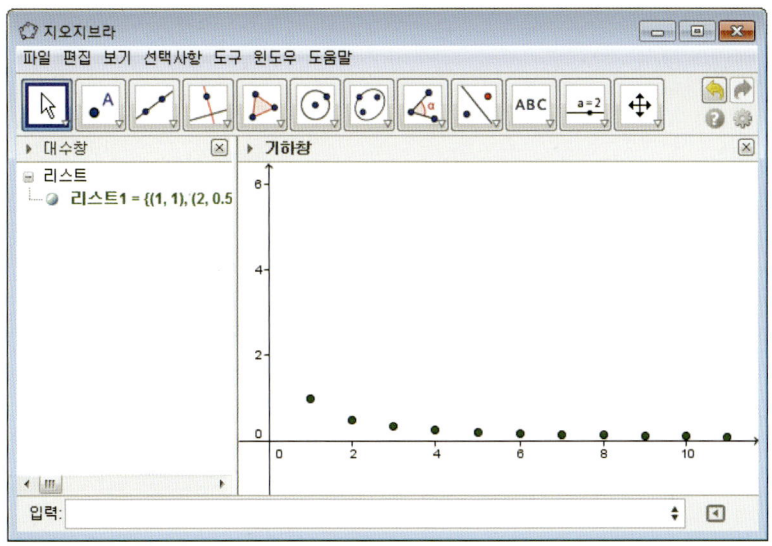

CHAPTER 12

# 벡터와 행렬

## 12.1 벡터

**벡터의 정의**

지오지브라에서 **벡터**를 정의하는 방법은 다음과 같다.

1 순서쌍으로 정의[1]

```
v = ( 1 , 2 )
```

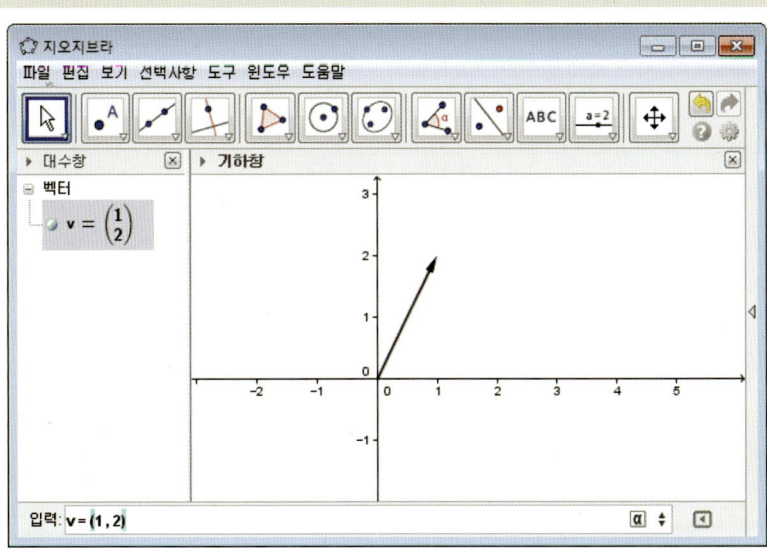

---

[1] 벡터의 이름인 v 가 영문자로 소문자임에 주의한다. 일반적으로 지오지브라에서 이름이 대문자인 경우는 점, 소문자인 경우는 열벡터로 정의된다. 이는 행렬과의 연산을 고려한 것이다.

113

② 벡터 도구로 정의

| 1 | 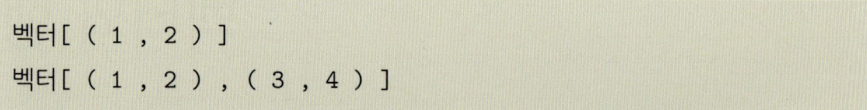 | 벡터 |
| 2 | | 점으로부터의 벡터 |

③ 벡터[ ] 명령어로 정의

```
벡터[ ( 1 , 2 ) ]
벡터[ ( 1 , 2 ) , ( 3 , 4 ) ]
```

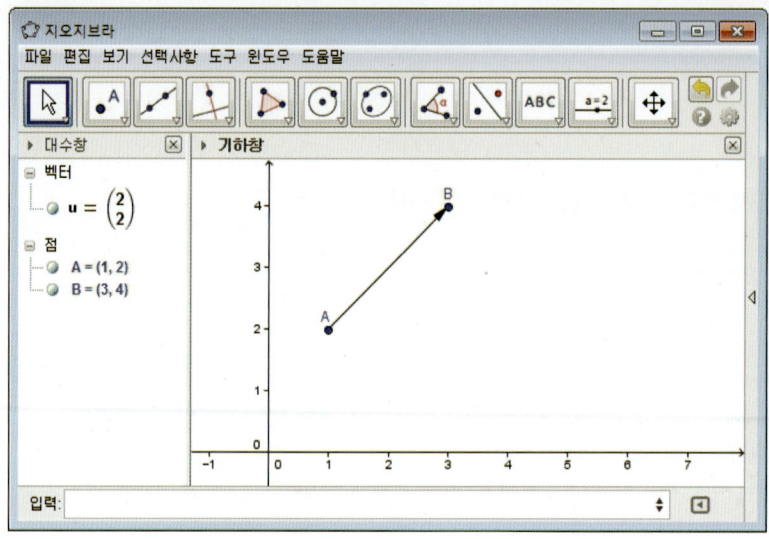

**벡터의 연산**

지오지브라에서 **벡터의 연산**을 정의하는 방법은 다음과 같다.

① 덧셈과 뺄셈

```
u + v
u - v
```

② 내적

```
u v
```

## 12.2 행렬

**행렬 예제**

> **행렬 예제 1**
>
> 지오지브라에서 다음 행렬을 정의하시오.
> $$A = \begin{pmatrix} 1 & 2 & 3 \\ 4 & 5 & 6 \\ 7 & 8 & 9 \end{pmatrix}$$

① 주어진 행렬 A 를 정의하기 위해 입력창에 다음과 같이 입력한다.

```
A = { { 1 , 2 , 3 } , { 4 , 5 , 6 } , { 7 , 8 , 9 } }
```

(실행결과)
$$A = \begin{pmatrix} 1 & 2 & 3 \\ 4 & 5 & 6 \\ 7 & 8 & 9 \end{pmatrix}$$

② 행렬 [1 2 / 3 4] 도구를 활용하여 행렬을 정의할 수 있다.[2] 스프레드시트 창의 셀에 구하고자 하는 행렬의 원소를 위치에 맞게 입력한다.

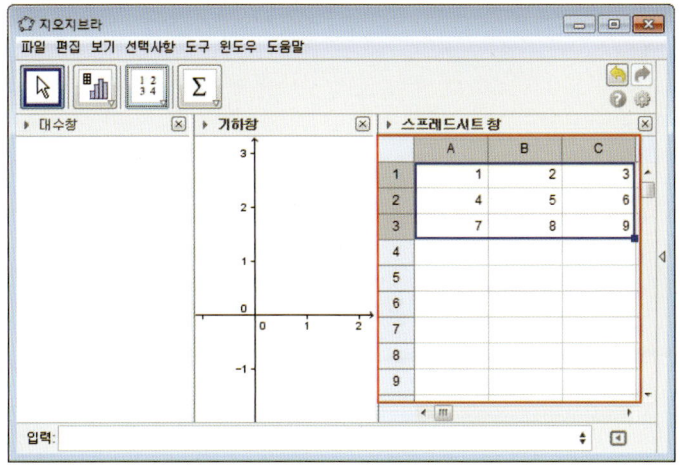

---

[2] 행렬 [1 2 / 3 4] 도구는 스프레드시트 창 전용도구이다. 따라서 스프레드시트 창에서 작업하는 경우에만 도구가 나타난다.

제12장 벡터와 행렬

③ 입력한 원소를 마우스로 드래그 하여 행렬 $\begin{smallmatrix}1&2\\3&4\end{smallmatrix}$ 도구를 클릭 하면 행렬 대화상자가 나타난다. 만들기 를 클릭 하면 행렬이 만들어진다.

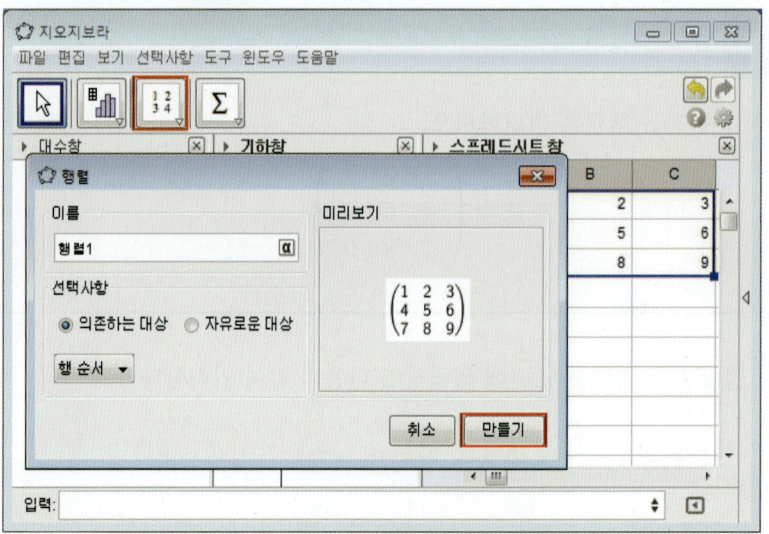

116

## 행렬 예제 2(행렬적용[ ])

닮음비가 2 : 1 이 되도록 삼각형의 수열을 지오지브라에서 정의하시오.

① 다각형 도구를 선택하여 삼각형을 만든다.

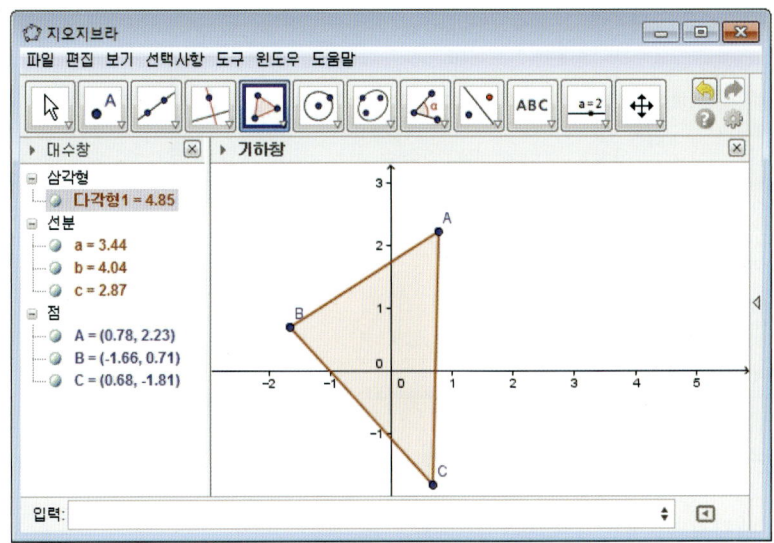

② 입력창에 { { 0.5 , 0 } , { 0 , 0.5 } } 를 입력하여 행렬1을 정의한다.

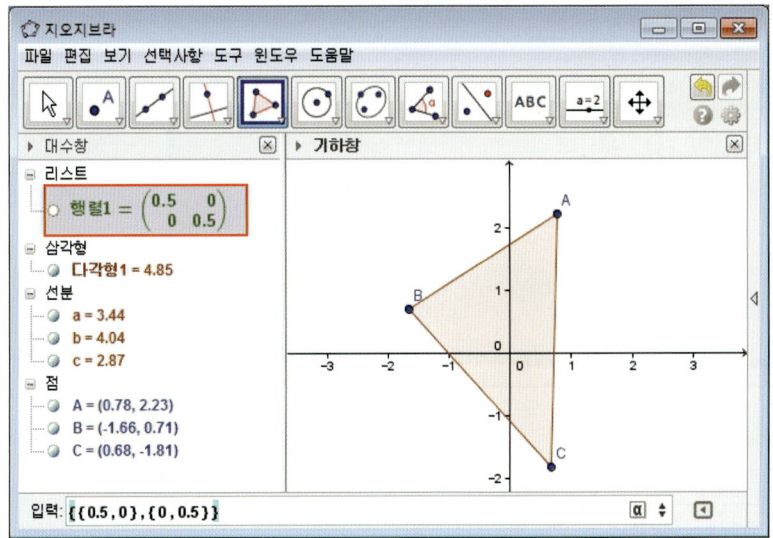

제12장 벡터와 행렬

③ 리스트1 = { 행렬1 , 행렬1^2 , ... , 행렬1^10 } 을 정의하기 위해 입력창에 다음과 같이 입력한다.

수열[ 행렬1^n , n , 1 , 10 ]

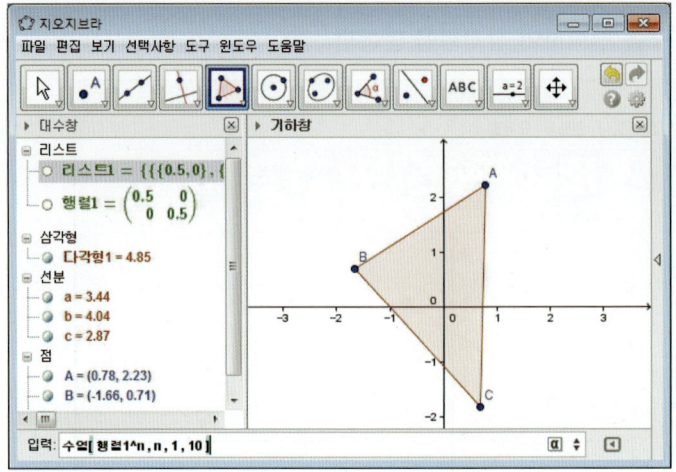

④ 삼각형의 수열을 만들기 위해 입력창에 다음과 같이 입력한다.[3]

사상[ 행렬적용[ A , 다각형1 ] , A , 리스트1 ]

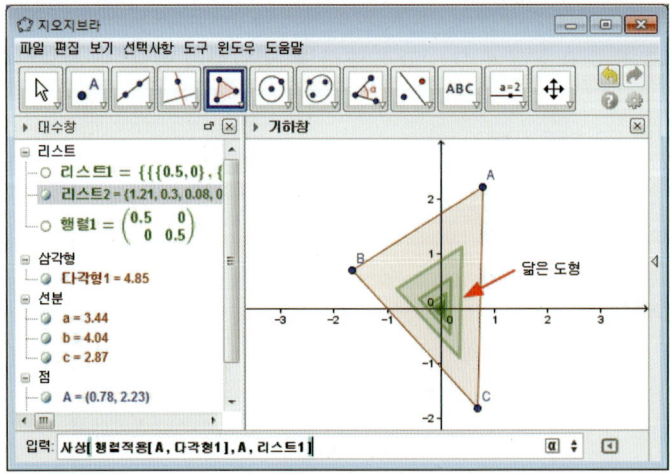

---

[3]사상[ 식 , 변수 1 , 리스트 1 , 변수 2 , 리스트 2 , ... ]
이때 변수 1은 리스트 1의 원소이며, 변수 2는 리스트 2의 원소이다. 사상[ ] 명령어의 문법은 집합에서의 조건 제시법과 서술방식이 유사하다.

## 12.2 행렬

**행렬 예제 3(행렬적용 [ ])**

주어진 행렬 A 에 대하여 그림이 변환된 결과를 구하시오.

$$A = \begin{pmatrix} 1 & -2 \\ 0 & 1 \end{pmatrix}$$

① 적당한 그림파일을 기하창에 드래그 앤 드롭(Drag and Drop)[4]하면 그림이 기하창에 포함된다.[5]

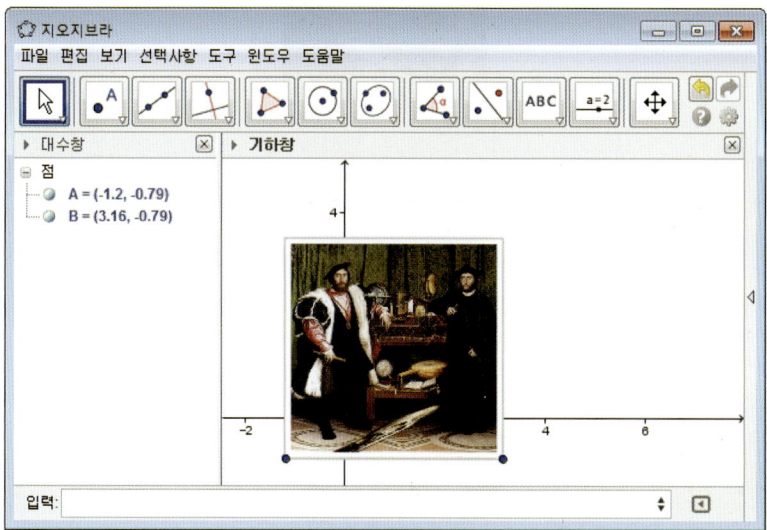

---

[4]그림 파일을 드래그 하여 기하창 위에 가져온 다음 마우스 버튼을 놓으면 그림이 기하창에 포함된다. 이때 그림의 이름은 그림1이라 하자. 그림의 이름은 그림 위에서 마우스 오른쪽 버튼을 클릭 하여 나타나는 메뉴의 맨 첫 줄에서 볼 수 있다.

[5]이 자료는 http://emotiond.synology.me (아이디: emotionbooks, 패스워드: goodservice) 의 "(제2판) 지오지브라와 함께하는 스마트 수학" 폴더에서 다운로드 받을 수 있다.

② 그림의 꼭짓점에 크기를 조절할 수 있는 점이 생긴다. 그림을 기하창에서 마우스 오른쪽 드래그하여 왼쪽 점이 원점에 위치하도록 한다.

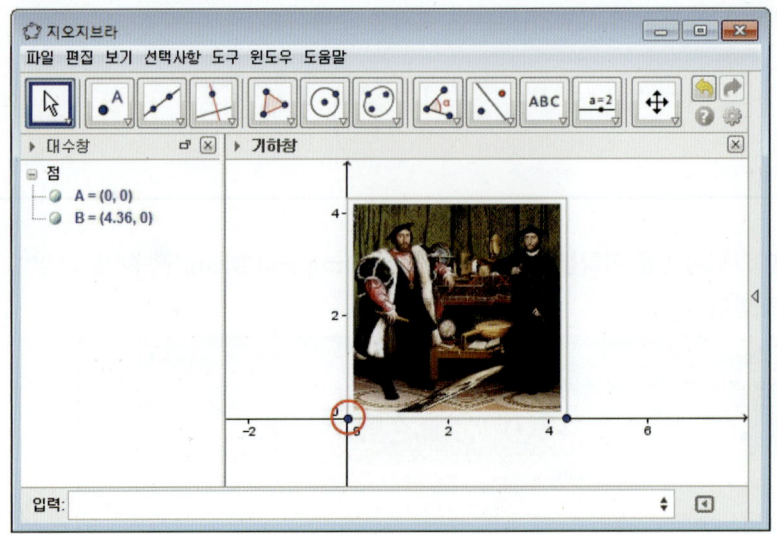

③ 그림1에 행렬1을 적용한 결과를 얻기 위해 입력창에 다음과 같이 입력한다.

행렬적용[ { { 1 , -2 } , { 0 , 1 } } , 그림1 ]

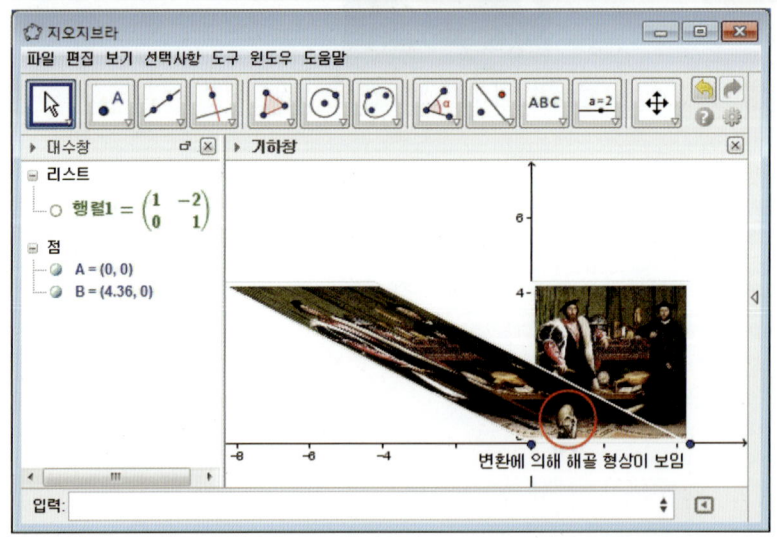

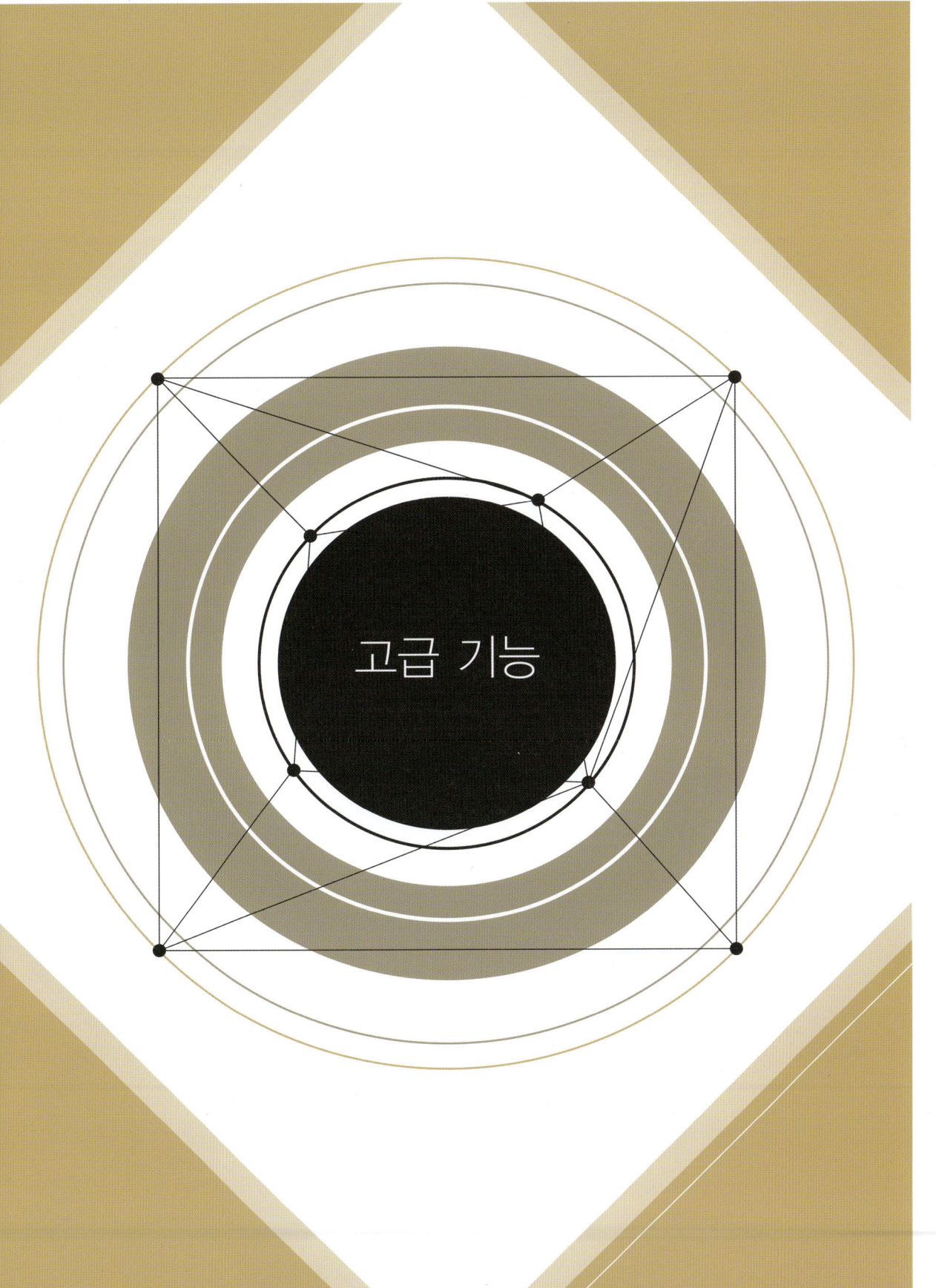

지오지브라와 함께 하는 스마트수학

CHAPTER 13

# 새로운 도구 만들기

지오지브라에 기본적으로 제공되지 않는 기능에 대하여 새로운 도구를 만들어 활용할 수 있다. 이 장에서는 새로운 도구를 만드는 방법에 대하여 알아보자.

## 13.1 도구 만들기 예제

> **도구 만들기 예제 1(수심)**
>
> 지오지브라에서 삼각형의 수심을 만들 수 있는 도구를 만드시오.

① 다각형 도구를 선택한 후 기하창을 세 번 클릭 한 후 다시 처음의 점을 클릭 하여 삼각형을 만든다.

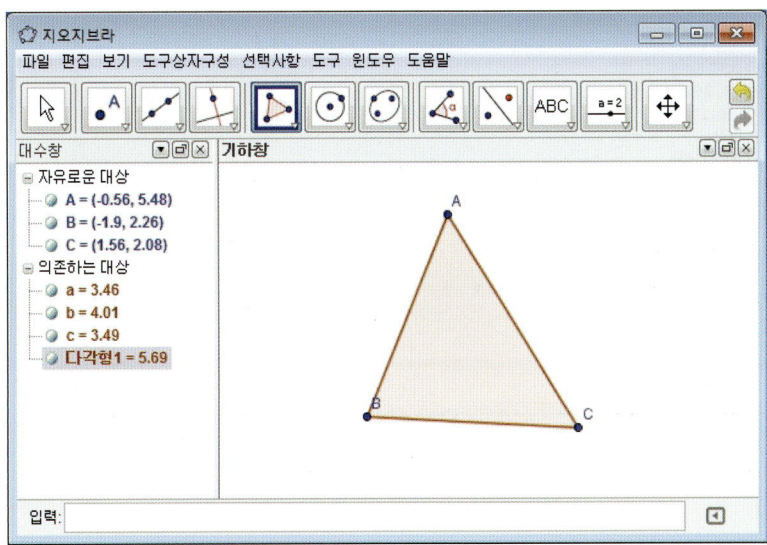

② 수직선 도구를 선택한 후 점 A와 마주보는 변, 점 C와 마주보는 변을 클릭하면 각각 수선이 생긴다.

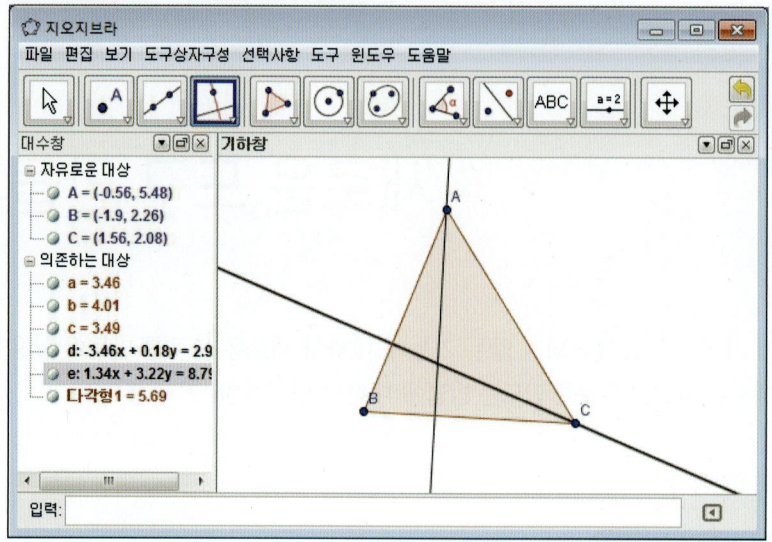

③ 두 대상의 교점 도구를 선택한 후 두 수선의 교차 부분을 클릭하여 교점을 만든다.

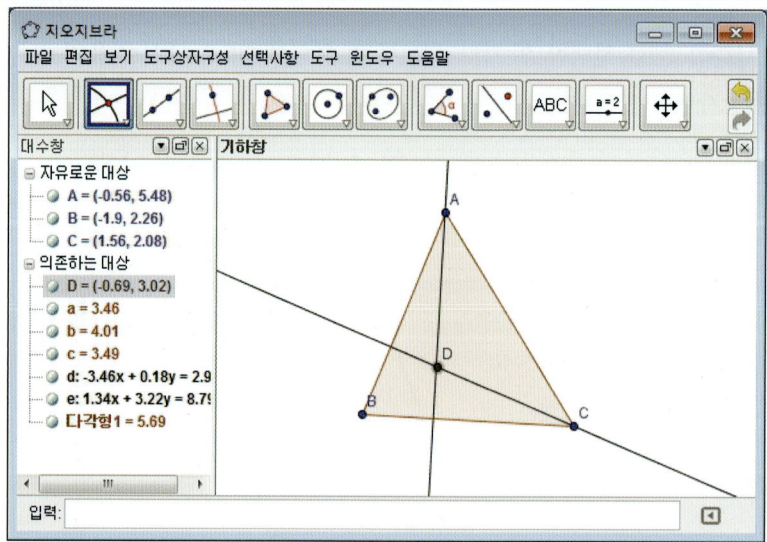

④ 메뉴에서 도구 – 새 도구 만들기를 선택하면 새 도구 만들기 대화상자가 나타난다. 이때 출력대상 탭을 선택하여 수심인 점 D를 선택한다.

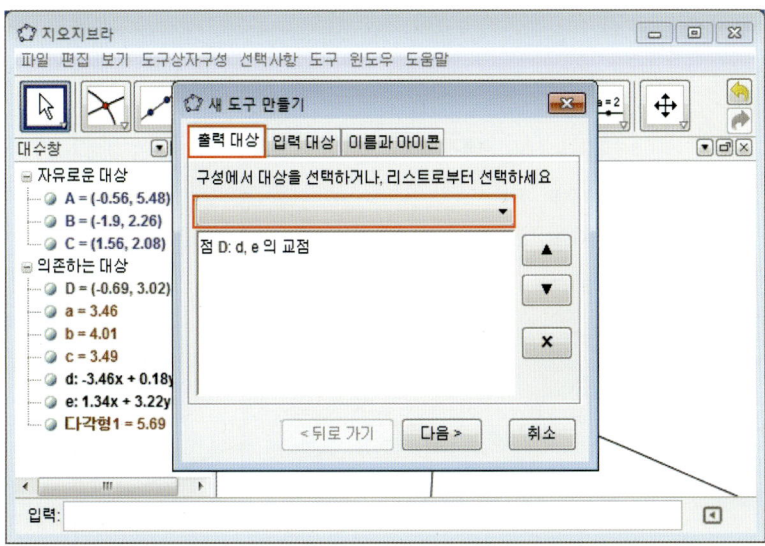

⑤ 입력대상 탭을 선택하면 자동으로 점 A, 점 B, 점 C가 나타난다.[1]

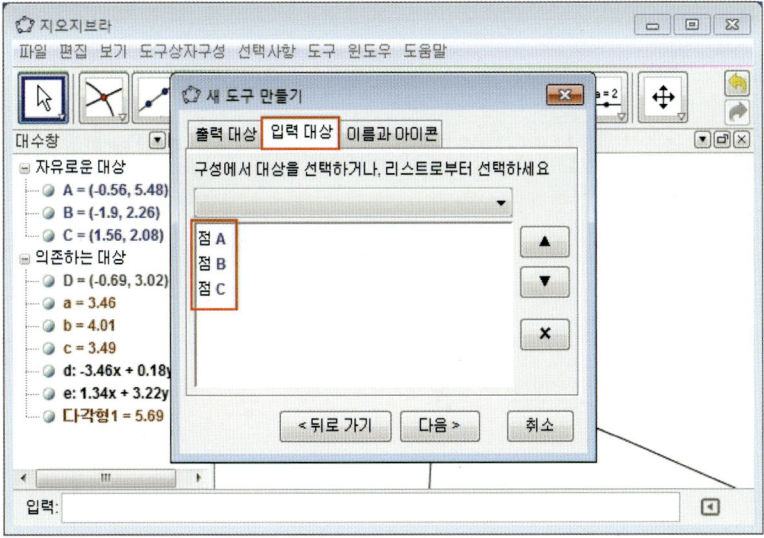

---

[1] 출력대상이 지정되면 그와 연결된 입력대상이 자동으로 지정된다.

제13장 새로운 도구 만들기

⑥ 이름과 아이콘 탭을 선택한 후 도구 이름에 수심, 도구 도움말에 세 점을 선택하세요 를 입력한 후 종료 를 클릭한다.

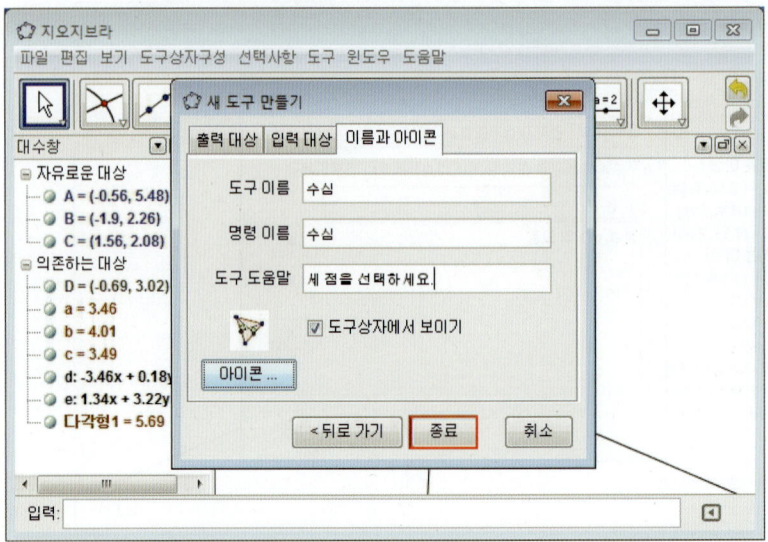

⑦ 새로 만들어진 도구를 선택한 후 기하창의 세 점을 클릭하면 삼각형의 수심이 나타난다.

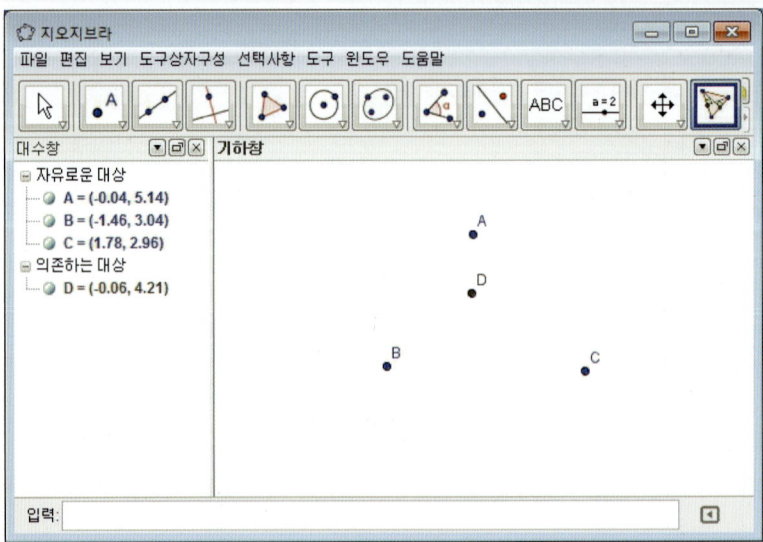

13.1 도구 만들기 예제

도구 만들기 예제 2(나무만들기)

두 점을 클릭하면 두 점을 이은 선분의 길이가 $\frac{1}{2}$로 줄어든 선분이 120°, 240° 만큼 회전하여 나타나도록 하는 도구를 만드시오.

① 선분 도구를 선택한 후 기하창을 두 번 클릭하여 선분 AB를 만든다.[2]

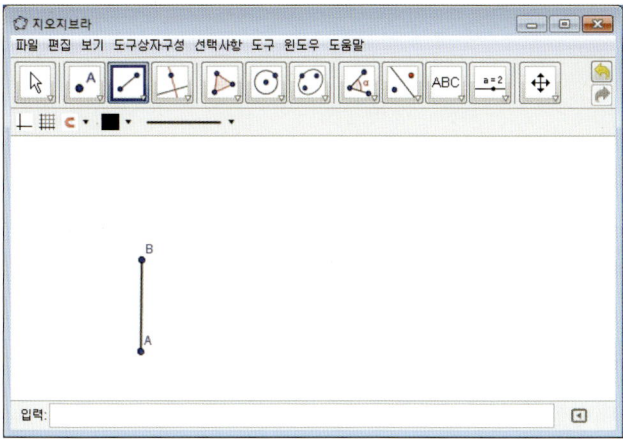

② 점 주위로 회전 도구를 선택한 후 회전시킬 점(점 A), 중심점(점 B)을 클릭하면 점 주위로 회전 대화상자가 나타난다.

점 주위로 회전 대화상자에 반시계 방향으로 120°를 입력하고 확인 을 클릭한다.

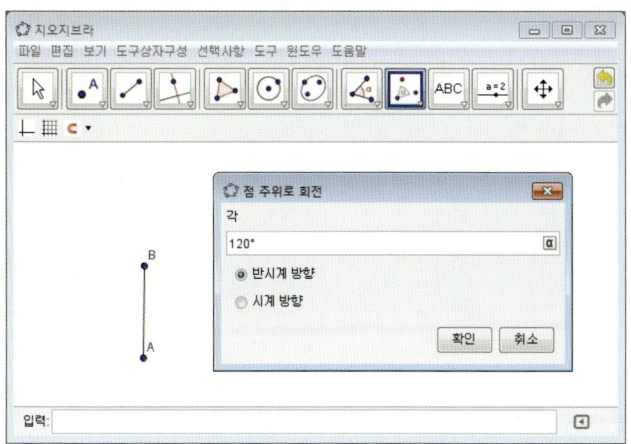

---

[2]이때 선분을 아래에서 위로 클릭하여 만드는 것에 주의한다.

③ 점 B를 중심으로 점 A가 반시계 방향으로 회전된 점 A'이 나타난 것을 볼 수 있다.

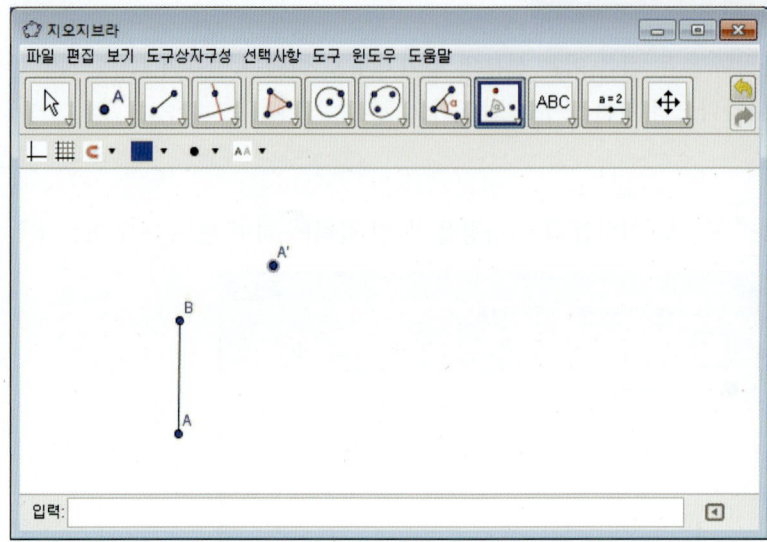

④ 점 주위로 회전 도구를 선택한 후 회전시킬 점(점 A'), 중심점(점 B)을 클릭하면 점 주위로 회전 대화상자가 나타난다.

점 주위로 회전 대화상자에 반시계 방향으로 120°를 입력하고 확인 을 클릭하면 점 A''를 볼 수 있다.

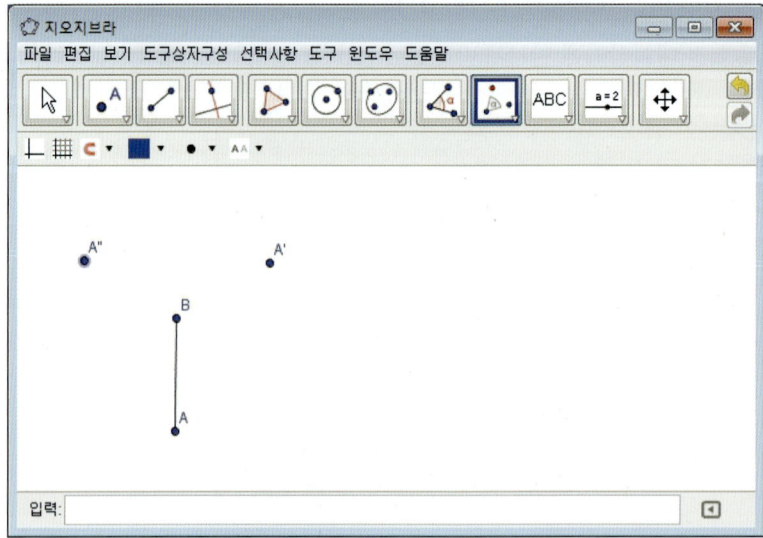

5 중점 또는 중심 도구를 선택한 후 점 B와 점 A', 점 B와 점 A''을 클릭하면 중점인 점 C와 점 D가 나타난다.

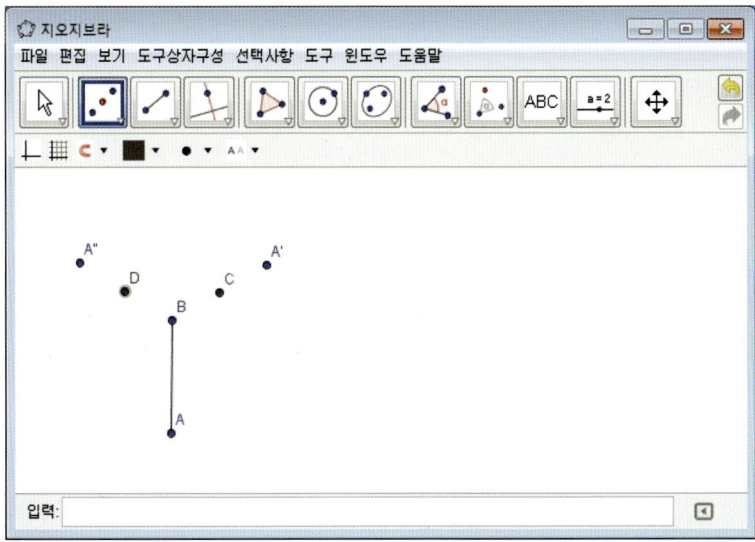

6 선분 도구를 선택한 후 선분 BC, 선분 BD를 만든다.[3]

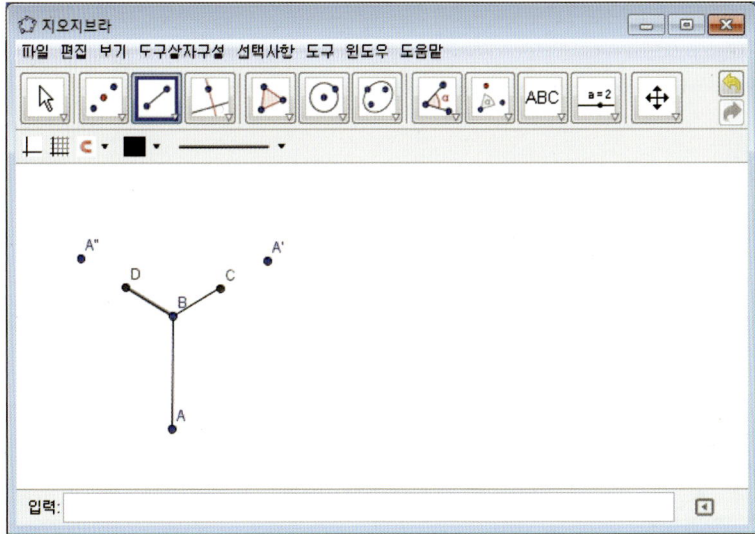

---

[3] 점의 순서가 중요하다.

제13장 새로운 도구 만들기

⑦ 메뉴에서 도구 - 새 도구 만들기...를 선택하여 출력 대상 탭에서 다음 항목을 선택한다.

선분 b: 선분[B, C]
선분 c: 선분[B, D]
점 C: A', B의 중점
점 D: A'', B의 중점

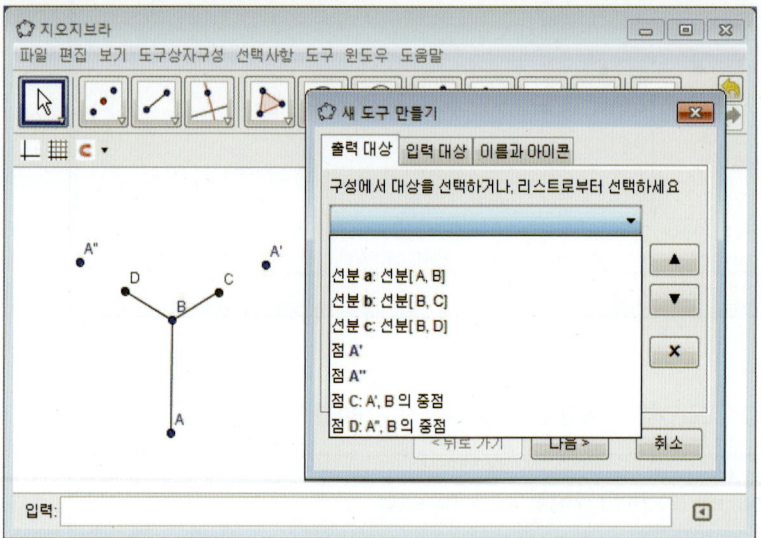

⑧ 입력 대상 탭에는 자동으로 점 A, 점 B가 나타난다.

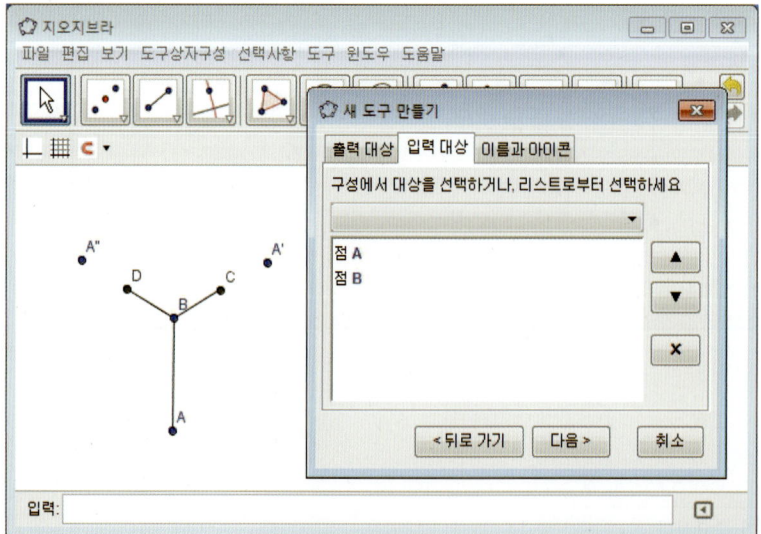

13.1 도구 만들기 예제

⑨ 이름과 아이콘 탭의 도구 이름에 나무만들기, 도구 도움말에 두 점을 선택하세요 를 입력한 후 종료 를 클릭한다.

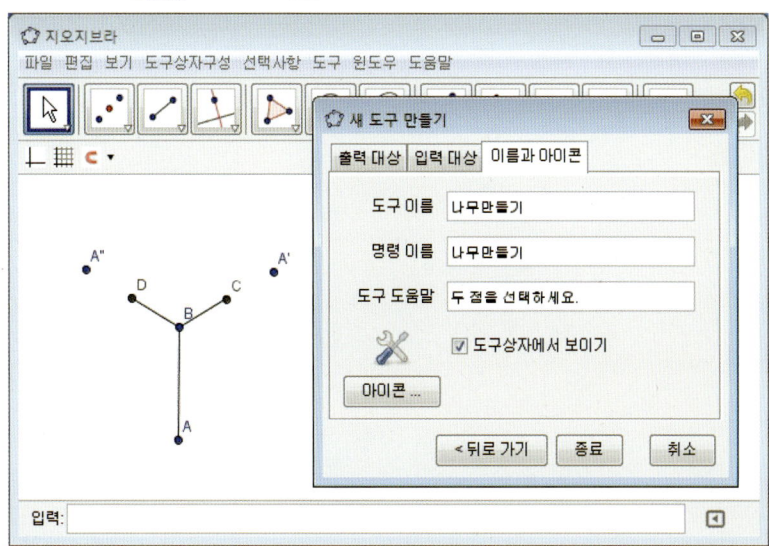

⑩ 새 도구가 성공적으로 만들어졌습니다 라는 메시지와 함께 나무만들기 도구가 도구상자에 나타난다.

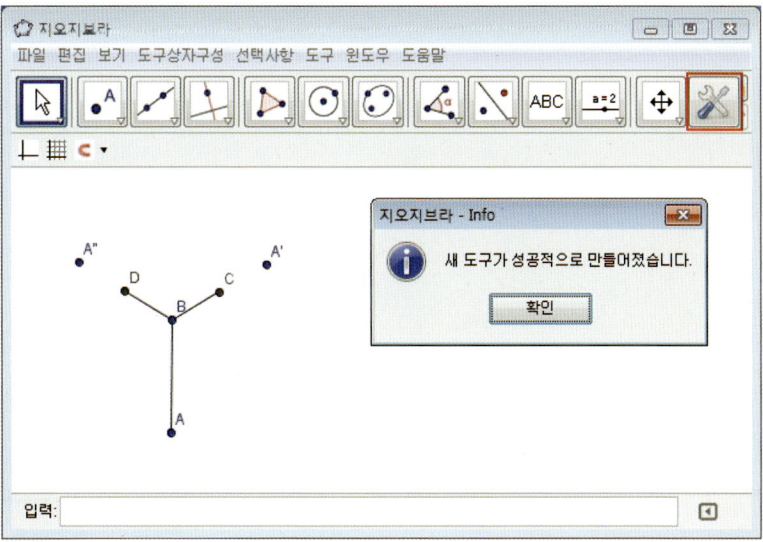

131

지오지브라와 함께 하는 스마트수학

CHAPTER 14

# 참고자료

## 14.1 한국지오지브라연구소

### 설립 목적

한국지오지브라연구소[1]는 2011년에 설립되었다. 한국지오지브라연구소는 **국제지오지브라연구소 (IGI; International GeoGebra Institute)**의 비전과 목표를 따라 우리나라 지오지브라 사용자를 위하여 다음과 같은 지원을 하는 공식 기관이다.

- 예비 및 현직 교사를 위한 연수
- 각종 지오지브라 관련 문서 출판
- 지오지브라 관련 연구 수행
- 국내외 지오지브라 관련 행사 개최
- 그 외 지오지브라와 관련된 여러 지원 활동

### 학회와 연수

한국지오지브라연구소는 매년 수 천명의 수학 교사에게 지오지브라 관련 연수를 통하여 도움을 제공하고 있다. 또한 한국지오지브라연구소는 국제지오지브라연구소와 협력하여 국제학회를 개최하고 있다.[2]

---

[1] http://www.geogebra.or.kr/

[2] 2012년에 개최된 GeoGebra ICME Pre-conference 2012 국제학회의 경우 25개국에서 약 160여명이 참여하였으며 각국에서 이루어지고 있는 지오지브라 관련 연구가 발표되었다. 현재 이 학회를 모델로 각국에서도 동일하게 국제학회가 진행되고 있다 (http://wiki.geogebra.org/en/GGB_Korea_2012).

# 제14장 참고자료

## 온라인 지원 활동

한국지오지브라연구소는 우리나라 지오지브라 사용자의 불편을 온라인 상에서 즉시로 해결하고 있다.

① 한국지오지브라연구소 공식밴드 : 지오지브라, 배우고 가르치고 공유하라! 밴드(http://band.us/@geogebra)에서 지오지브라의 사용법에 관한 질문을 할 수 있으며 매일 참신한 지오지브라 수학 자료를 다운로드 받을 수 있다.

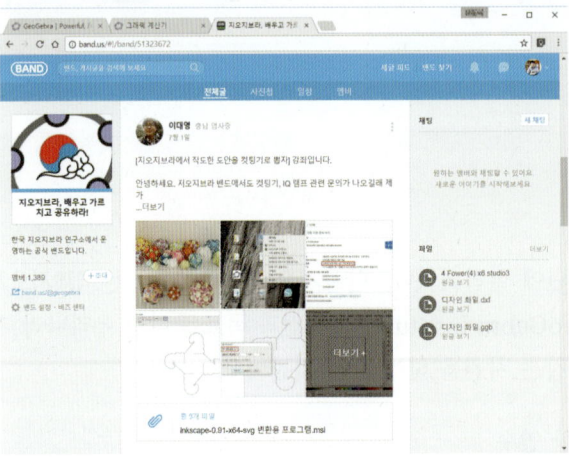

② 한국지오지브라연구소 웹사이트 : http://www.geogebra.or.kr에서도 지오지브라 사용에 대한 질문, 각종 매뉴얼, 자료를 다운로드 받을 수 있다.

③ 한국지오지브라연구소 자료실 : http://emotiond.synology.me
아이디 : emotionbooks , 패스워드 : goodservice

④ 한국지오지브라연구소 페이스북 페이지 : 한국지오지브라연구소 공식페이스북페이지(https://www.facebook.com/geogebrakorea)에서는 지오지브라와 관련된 다양한 정보를 얻을 수 있다.

## 14.2 단축키

| 단축키 | 키값 | 단축키 | 키값 | 단축키 | 키값 |
|---|---|---|---|---|---|
| Alt + 0 | 0 | Alt + A | $\alpha$ | Alt + P | $\pi$ |
| Alt + 1 | 1 | Alt + B | $\beta$ | Alt + R | $\sqrt{\phantom{x}}$ |
| Alt + 2 | 2 | Alt + D | $\delta$ | Alt + S | $\sigma$ |
| Alt + 3 | 3 | Alt + E | e | Alt + T | $\theta$ |
| Alt + 4 | 4 | Alt + F | $\psi$ | Alt + U | $\infty$ |
| Alt + 5 | 5 | Alt + G | $\gamma$ | Alt + W | $\omega$ |
| Alt + 6 | 6 | Alt + I | i | Alt + ⟨ | $\leq$ |
| Alt + 7 | 7 | Alt + L | $\lambda$ | Alt + ⟩ | $\geq$ |
| Alt + 8 | 8 | Alt + M | $\mu$ | Alt + - | − |
| Alt + 9 | 9 | Alt + O | ∘ | | |
| Shift + Alt + 8 | $\otimes$ | Shift + Alt + A | $A$ | Shift + Alt + P | $\Pi$ |
| | | Shift + Alt + B | $B$ | Shift + Alt + R | $\sqrt{\phantom{x}}$ |
| | | Shift + Alt + D | $\Delta$ | Shift + Alt + S | $\Sigma$ |
| | | Shift + Alt + E | e | Shift + Alt + T | $\Theta$ |
| | | Shift + Alt + F | $\Psi$ | Shift + Alt + U | $\infty$ |
| | | Shift + Alt + G | $\Gamma$ | Shift + Alt + W | $\Omega$ |
| | | Shift + Alt + I | i | Shift + Alt + ⟨ | $\leq$ |
| | | Shift + Alt + L | $\Lambda$ | Shift + Alt + ⟩ | $\geq$ |
| | | Shift + Alt + M | $M$ | Shift + Alt + - | − |
| | | Shift + Alt + O | ∘ | Shift + Alt + = | $\neq$ |

표 14.1: Alt, Shift+Alt 키를 사용한 단축키

## 제14장 참고자료

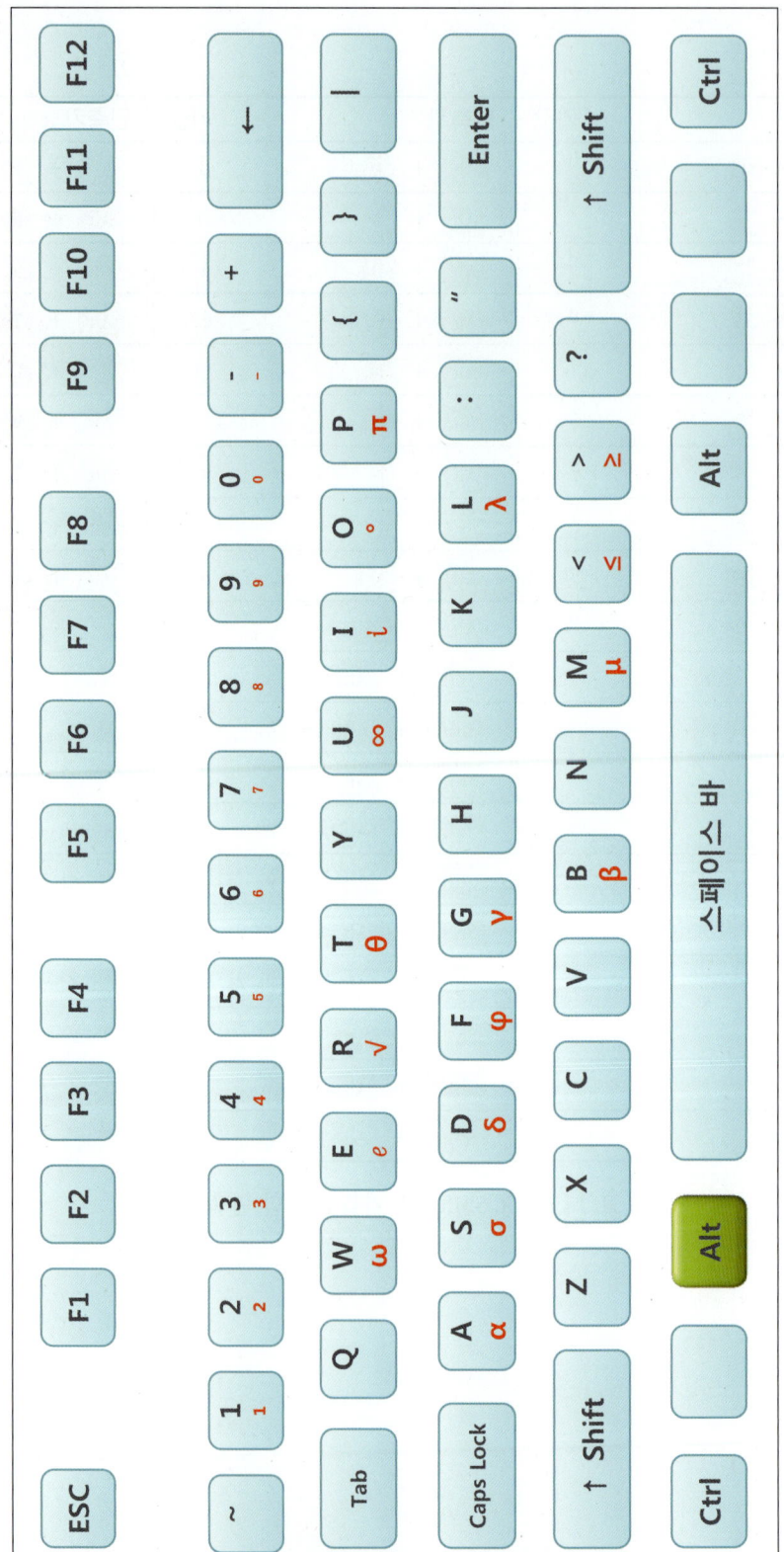

그림 14.1: Alt 키를 눌렀을 때, 키보드에 배열된 특수문자

그림 14.2: Shift + Alt 키를 눌렀을 때, 키보드에 배열된 특수문자

# 제14장 참고자료

| 단축키 | 기능 |
|---|---|
| ESC | 이동모드 |
| F1 | 도움말 |
| F2 | 선택한 대상 재정의 |
| F3 | 선택한 대상의 이름, 값을 입력창에 복사 |
| F4 | 선택한 대상의 값을 입력창에 복사 |
| F5 | 선택한 대상의 이름을 입력창에 복사 |
| F9 | 구성 새로고침 |
| + | 선택한 슬라이더 값 증가 / 점의 $x$좌표 증가 |
| − | 선택한 슬라이더 값 감소 / 점의 $x$좌표 감소 |
| Del | 선택한 대상 삭제 |
| Backspace | 선택한 대상 삭제 |
| Home | 구성단계: 맨 위로 이동 / 스프레드시트 창: A1 셀로 이동 |
| End | 구성단계: 맨 아래로 이동/스프레드시트 창: 맨 아래 오른쪽 셀로 이동 |
| PageUp | 구성단계: 맨 위로 이동 / 점의 $z$좌표 증가 |
| PageDown | 구성단계: 맨 아래로 이동 / 점의 $z$좌표 감소 |
| → | 선택한 슬라이더 값 증가 / 점의 $x$좌표 증가<br>구성단계: 위로 이동 |
| ← | 선택한 슬라이더 값 감소 / 점의 $x$좌표 감소<br>구성단계: 아래로 이동 |
| ↑ | 선택한 슬라이더 값 증가 / 점의 $y$좌표 증가<br>입력창: 입력한 목록 보기 / 구성단계: 위로 이동 |
| ↓ | 선택한 슬라이더 값 증가 / 점의 $y$좌표 감소<br>입력창: 입력한 목록 보기 / 구성단계: 아래로 이동 |
| ↵ | 기하창 / 입력창 전환 |
| Alt + ↵ | 입력창 포커스 |

표 14.2: Ctrl 키를 사용한 단축키

| 단축키 | | | 기능 |
|---|---|---|---|
| Alt + F4 | | | 종료 |
| Ctrl + Alt + C | | | 스프레드시트 값 복사 |
| Shift + → | | | 0.1배로 증가(이동)<br>(선택 대상이 없는 경우) $x$축 비율 조정 |
| Shift + ← | | | 0.1배로 감소(이동)<br>(선택 대상이 없는 경우) $x$축 비율 조정 |
| Shift + ↑ | | | 0.1배로 증가(이동)<br>(선택 대상이 없는 경우) $y$축 비율 조정 |
| Shift + ↓ | | | 0.1배로 감소(이동)<br>(선택 대상이 없는 경우) $y$축 비율 조정 |
| Ctrl + → | | | 10배로 증가(이동)<br>스프레드시트 창: 맨 오른쪽 셀로 이동 |
| Ctrl + ← | | | 10배로 감소(이동)<br>스프레드시트 창: 맨 왼쪽 셀로 이동 |
| Ctrl + ↑ | | | 10배로 증가(이동)<br>스프레드시트 창: 맨 위 셀로 이동 |
| Ctrl + ↓ | | | 10배로 감소(이동)<br>스프레드시트 창: 맨 아래 셀로 이동 |
| Alt + → | | | 100배로 증가(이동) |
| Alt + ← | | | 100배로 감소(이동) |
| Alt + ↑ | | | 100배로 증가(이동) |
| Alt + ↓ | | | 100배로 감소(이동) |
| 🖱(좌클릭) | | | 대상 두 번 클릭 : 재정의<br>대수창에서 드래그: 입력창에 대상의 리스트 복사 |
| 🖱(우클릭) | | | (대상 또는 기하창) 문맥 메뉴 |
| 🖱(휠) | | | 크게 보기 / 작게 보기 |
| Alt + 🖱(휠) | | | (빠르게) 크게 보기 / 작게 보기 |
| Alt + 🖱(좌클릭) | | | 선택한 대상의 정의를 입력창에 복사 |
| Shift + 🖱(좌클릭) | | | $x$, $y$ 비율이 보존되지 않고 확대 / 축소 |

표 14.3: Ctrl+Shift 키를 사용한 단축키

# 제14장 참고자료

| 단축키 | | | 기능 |
|---|---|---|---|
| Ctrl | + | 1 | 기본설정으로 되돌리기 |
| Ctrl | + | 2 | 글자크기, 선굵기, 점크기 증가 |
| Ctrl | + | 3 | 흑백 모드 |
| Ctrl | + | A | 모든 대상 선택 |
| Ctrl | + | C | 복사 |
| Ctrl | + | D | 레이블의 값/정의/명령어 모드 변경 |
| Ctrl | + | E | 설정사항(기하창) |
| Ctrl | + | F | 새로고침 |
| Ctrl | + | G | 선택한 대상 보이기 / 숨기기 |
| Ctrl | + | J | 선택한 대상이 의존하는 대상(부모) 선택 |
| Ctrl | + | L | 현재 레이어의 모든 대상 선택 |
| Ctrl | + | N | 새 윈도우 |
| Ctrl | + | O | 열기 |
| Ctrl | + | P | 인쇄 미리보기 |
| Ctrl | + | R | 모든대상 재계산 |
| Ctrl | + | S | 저장하기 |
| Ctrl | + | V | 붙이기 |
| Ctrl | + | Y | 다시 실행 |
| Ctrl | + | Z | 되돌리기 |
| Ctrl | + | − | 작게 보기 |
| Ctrl | + | + | 크게 보기 |

표 14.4: 기능 키에 대한 예약 기능 1

| 단축키 | | | | | | | 기능 |
|---|---|---|---|---|---|---|---|
| Ctrl | + | Shift | + | 1 | | | 기하창 |
| Ctrl | + | Shift | + | 2 | | | 기하창2 |
| Ctrl | + | Shift | + | A | | | 대수창 |
| Ctrl | + | Shift | + | C | | | 기하창을 클립보드로 복사 |
| Ctrl | + | Shift | + | D | | | 점 선택 모드 |
| Ctrl | + | Shift | + | E | | | 설정사항 |
| Ctrl | + | Shift | + | G | | | 선택된 대상 레이블 보이기 / 숨기기 |
| Ctrl | + | Shift | + | J | | | 선택한 대상에게 의존하는 대상(자식) 선택 |
| Ctrl | + | Shift | + | K | | | CAS 창 |
| Ctrl | + | Shift | + | L | | | 구성단계 |
| Ctrl | + | Shift | + | M | | | ggbBase64 코드로 클립보드에 복사 |
| Ctrl | + | Shift | + | N | | | (같은 폴더 내의) 다음 파일 열기 |
| Ctrl | + | Shift | + | Alt | + | N | (같은 폴더 내의) 이전 파일 열기 |
| Ctrl | + | Shift | + | P | | | 확률계산기 |
| Ctrl | + | Shift | + | U | | | 기하창을 그림으로 저장(png, eps) |
| Ctrl | + | Shift | + | S | | | 스프레드시트 창 |
| Ctrl | + | Shift | + | W | | | 상호작용적인 워크시트를 웹페이지로 저장(html) |
| Ctrl | + | Shift | + | T | | | 기하창을 PSTricks로 저장 |

표 14.5: 기능 키에 대한 예약 기능 2

# 찾아보기

(제2판) 지오지브라와
   함께하는 스마트 수학,
   100, 103, 119

Calc, 93
CAS, 3, 77
CAS 셀, 77
CAS 전용 도구, 78
CAS 창, 12

DGS, 23
Dynamic Geometry Software,
   23

geogebra, 7

HWP, 33, 89

IGI; International GeoGebra
   Institute, 135

LaTeX으로 복사, 88

Play 스토어, 8

Red/Cyan 안경모드, v

Windows 10, 7

각의 이등분선, 27
개수, 95
계수, 66
곡선, 51, 52
교점, 24, 27
교집합, 61
구간, 63
구성단계, 12

구성단계 네비게이션바, 30
국제지오지브라연구소, 3,
   135
그래프, 51
그래픽 계산기, 6
그룹, 17, 19
그림으로 복사, 88
그림의 꼭짓점, 120
기하창, 12
기하창 2, 12
기하창에 드래그 앤 드롭
   (Drag and Drop), 119
기하창을 클립보드로 복사, 33

나무만들기, 127
내보내기, 32, 87
내심, 27
내장 명령어, 15
내적, 114
내접원, 27
누적도수, 104
다각선 만들기, 95
다각형, 24
다운로드, 5
닮음비, 117
대수창, 12
덧셈, 114
도구 도움말, 14
도구상자, 14
도수분포다각형, 103, 105
도수분포표, 103, 105
동적 기하 소프트웨어, 3, 4,
   23
동적 수학 소프트웨어, 3
등차수열, 96
리브레오피스, 93
리스트, 95, 109

리스트 만들기, 95
마이크로소프트, 93
매개변수 곡선, 68
미분, 67, 80
벡터, 113
벡터의 연산, 114
보이기 버튼, 87
복사, 88
부등식의 영역, 59
부정적분, 69
불연속점을 표시, 57
불투명도, 39
빗금, 37
뺄셈, 114

사용자 계급 설정, 104
상대도수, 104
상대도수분포다각형, 103
새로운 도구를 만드는 방법,
   123
색상, 37
셀 (Cell), 94
셀번호, 85
소인수분해, 81
수심, 123
수열, 109, 110
수직 이등분선, 24
수직선, 27
수치 연산, 78
수치해석으로 풀기, 80
스토어, 7
스프레드시트, 93
스프레드시트 전용 도구, 95
스프레드시트 창, 12, 93, 94,
   100
슬라이더, 63
안드로이드 기기, 8

145

## 찾아보기

애니메이션, 63
엑셀(Excel), 93
연산, 78
연산 결과, 87
연산 도구, 78
열 (Column), 94
외심, 24
외접원, 24, 26
왼쪽합, 70
워크시트, 17
원자료 보기, 101
음함수, 68
인수분해, 78, 81
일변량 분석, 99, 103
입력 도움말, 15
입력 유지, 78
입력창, 12
자료, 16
자료 분석, 95
자료 분석 창, 101
자료 분식하기, 103
작도, 23, 24, 27

적분, 67, 80
점, 51
점선, 46
점열, 111
점의 리스트, 110
점의 리스트 만들기, 95
정규분포곡선, 105
정적분, 69, 73
중심이 있고 한 점을 지나는
  원, 24, 27
지오지브라, 3, 7, 8
지오지브라 3차원 계산기, 8
지오지브라 그래픽 계산기, 8
지오지브라 기하 계산기, 8
지오지브라 클래식, 5
지오지브라, 배우고 가르치고
  공유하라, 136
지오지브라의 한글화, iii
직사각형합, 70
집합, 109
최댓값, 95
최솟값, 95

치환, 79
컴퓨터 대수 시스템, 3, 4

텍스트, 42
통계 분석, 99
평균, 95
표 만들기, 95
풀기, 79
한국지오지브라연구소, 4,
  135
한글, 33, 89
한글(HWP) 수식으로 복사,
  89
함수, 51, 52
합계, 95
합성, 52
합집합, 62
행 (Row), 94
행렬, 95, 115
행렬 만들기, 95
화면배치, 12
확률 계산기, 106
히스토그램, 103, 104